지은이 송은영은 과학 전문 작가로 1964년 11월 서울에서 태어나 고려대학교 물리학과를 졸업하고 동 대학원에서 원자핵물리학을 전공했다. 가슴 설레는 멋진 책을 쓰는 것을 목표로 1993년부터 과학 대중화의 길을 걸어오면서 열정적인 작품 활동을 해 왔다. 1999년 제17회 한국과학기술 도서상(저술 부문, 과학기술처 장관상)을 수상했다.

최신작으로는 아인슈타인의 특수 상대성 이론과 일반 상대성 이론을 사고 실험이라는 틀을 이용해 펼쳐 보인 『아인슈타인의 생각실험실 1, 2』이 있고, 미스터 퐁이라는 화자를 통해 수학적인 현상을 친근하게 접하고 쉽게 이해할 수 있도록 한 『미스터 퐁 수학에 빠지다』와 SF 문학과 과학의 랑데부를 시도한 작품을 곧 선보일 예정이다. 이 외에 『아인슈타인과 호킹의 블랙홀 랑데부』를 비롯한 다수의 저서가 있다.

그린이 박수영은 청강문화산업대학교 만화창작과를 졸업했다. 어린이책과 과학 교재, 잡지 등의 삽화를 그리는 등 출판 일러스트 분야에서 활발한 활동을 하고 있다. 2000년과 2002년 '동아 LG만화페스티벌' 카툰 부문에서 수상했으며 '화합 2000만화페스티벌'에서 문화부장관상을 수상했다.

2011년 10월 24일 초판 1쇄 펴냄
2012년 6월 22일 초판 2쇄 펴냄

지은이 송은영
그린이 박수영
펴낸곳 도서출판 부키
펴낸이 박윤우
등록일 1992년 10월 2일 등록번호 제2-1736호
주소 120-836 서울 서대문구 창천동 506-10 산성빌딩 6층
전화 02) 325-0846
팩스 02) 3141-4066
홈페이지 www.bookie.co.kr
이메일 webmaster@bookie.co.kr
ISBN 978-89-6051-182-8 03400

ⓒ 송은영, 2011

책값은 뒤표지에 있습니다.
잘못된 책은 바꿔 드립니다.

호기심으로 떠나는
창의력 여행

미스터 풍
과학에 빠지다

송은영 지음
박수영 그림

부·키

● 개정판 머리말

창의적 사고의 작은 디딤돌 되길

　　　　　　　　21세기가 시작되고 어느덧 10여 년이다. 그러고 보니 20세기 말인 1999년에 처음 출간된 이 책이 세상에 첫 선을 보인 지도 강산이 한 번 바뀌고도 2년이란 세월이 더 흐른 셈이다. 그런데도 이 책을 여전히 사랑해 주는 독자들의 열정이 그저 고맙고 감사할 따름이다.

　책을 내고 나니 아쉬움과 부족함이 많았다. 글을 쓸 때는 나름 쉽게 쓴다고 했는데도, 사람들이 선뜻 다가서기에 낯선 과학 용어가 더러 보였고, 독자의 호기심을 붙들어 두기에 어려운 표현이 군데군데 눈에 띄었다.

　독자들의 입장에서 상상해 보았다. 혹여 마뜩잖은 표정으로 중간에 책장을 덮은 이도 있진 않았을까? 이런 생각에 얼굴이 화끈거렸다. 독자들의 사랑에 조금이라도 보답하는 길은 그래서 조악한 부분을 다듬고 미흡한 내용을 보충해 세상에 다시 내놓는 것이었는데, 그 일을 이제야 하게 되어 그동안 못내 송구했던 마음이 조금은 덜어진 듯싶다.

  개정판 작업을 하면서 모토로 삼은 것은, 과학을 처음 접하는 사람도 이해할 수 있고 누구나 친근하게 다가올 수 있도록 보완하자는 것이었다. 그 일환으로 본문의 딱딱하고 어려운 용어와 표현을 좀 더 쉽고 부드럽게 고쳤고, 본문에 담지 못한 내용은 각 장 끝에 추가했다. 초판에서는 단색이었던 그림을 새로운 내용의 원색 그림으로 실어 자연 현상을 과학적 시각으로 바라보는 데 한층 친근해지도록 도왔다.

  『미스터 퐁 과학에 빠지다』의 개정판을 내놓으며 자매 격인 『미스터 퐁 수학에 빠지다』를 함께 선보이니, 이 책들이 창의적 사고의 증진에 조금이나마 보탬이 되기를 바란다.

  초판이 개정판으로 탈바꿈하는 데 가교 역할을 해 준 이정모 선생님, 여러 조언을 준 정희용 부장님, 재치 있고 기발한 그림을 새로 그려 준 박수영 작가님, 책을 예쁘게 만들어 준 부키 출판사 여러 분께 감사드린다. 이 책을 마주한 모든 분이 행복했으면 좋겠다.

2011년 10월

일산에서 송은영

● 초판 머리말

과학은 바로 우리 곁에 있다

　　　　　　　　　　나를 포함해서 과학을 전공하고 과학 계몽에 열정을 가지고 있는 분들은 모두 이렇게 생각한다.

"과학은 일상이다."

그리고 주저없이 이렇게 말한다.

"과학은 어려운 것이 아니다. 바로 우리 곁에 있다."

그런데 어찌 된 일인지 그러한 생각이 전혀 먹혀들지 않는다. 밑 빠진 독에 물 붓듯이 "너는 외쳐라. 나는 관심 없다."라는 식으로 대부분의 사람들이 그들의 그러한 노력을 한 귀로 듣고 한 귀로 흘려보낸다.

상황이 이렇게까지 이지러진 데에는 분명 이유가 있을 터이다.

과학과 일상은 떼려야 뗄 수 없는 관계임에도 과학과 대중 사이에 벌어진 이 깊고 넓은 틈이 단시간에 회복되기는 어려울 듯싶다.

하지만 그렇다고 해서 힘없이 주저앉을 수는 없다. 21세기는 과학

기술이 우리의 일상을 하루가 다르게 뒤바꿔 놓는 치열한 무한 경쟁의 삶터가 될 것이기 때문이다. 그래서 이제라도 한시바삐 벌어진 간격을 좁히고 파인 구덩이를 메워야 하는 것이다. 우리의 힘과 능력이 닿는 데까지 말이다.

　이러한 뜻을 바탕에 깔고 이 책을 썼다.

　'어떻게 하면 과학에 등 돌린 많은 사람들을 다시 끌어모을 수 있을까?'

　『미스터 퐁 과학에 빠지다』를 쓴 목적이 바로 여기에 있다. 그래서 책의 제목 또한 그러한 뜻에 어긋나지 않게 친근하게 느껴지도록 했다.

　『미스터 퐁 과학에 빠지다』는 이보다 앞서 출간한 『과학원리로 떠나는 창의력 여행』과 친밀한 관계에 있다. 두 책 모두 과학을 통한 창의력과 사고력의 배양과 증진에 목적을 두고 있다는 점에서 맥을 같이하고 있으나, 그 방법론에 있어선 궤를 약간 달리한다.

　우선 『과학원리로 떠나는 창의력 여행』은 창의력과 사고력을 찾아가는 과정을 '의문을 갖는다 -새로운 아이디어를 낸다 -실험해 본다 -원리를 발견한다 -응용하여 개선한다'의 다섯 장으로 나누어서 서술해 과학적인 접근법을 중시한다면, 『미스터 퐁 과학에 빠지다』는 직접 일상으로 뛰어들어 주변에서 흔히 접할 수 있는 상황을 직접 맞닥뜨려 보게 함으로써 실용적인 측면에 더욱 무게를 실었다.

　그래서 각각의 장도 실제로 피부에 와 닿도록 1장 미스터 퐁 집에서 뒹구르르, 2장 맛의 달인 미스터 퐁, 3장 미스터 퐁 대공원에 가다, 4장 미스터 퐁 영화 속으로, 5장 미스터 퐁 길 떠나다, 6장 미스터 퐁 자연이 좋아, 7장 미스터 퐁 야구장에 가다, 8장 쉿! 미스터 퐁은 데이트 중, 9장 미스터 퐁의 꿈꾸는 하루 등 총 9장으로 구성한 것이다. 더불어 각 장마다 미스터 퐁을 화자로 등장시켜 글의 흐름이 원활하도록 한 것도 이 책이 내세울 수 있는 차별화된 특징이다.

『미스터 퐁 과학에 빠지다』를 통해 많은 사람들이 과학에 친근하게 다가갈 수 있는 계기가 마련되었으면 하는 마음이 간절하다. 더불어 이 책을 통해 일상의 현상 하나하나를 마주할 때마다 그냥 지나치지 않고 쉼 없이 샘솟는 무궁한 창의력을 분출시킬 수 있는 토대 또한 마련된다면 더 이상 고마울 바 없다.

책이 나오기 보름 전부터는 밤낮을 가리지 않고 열정을 쏟은 편집부의 노고에 깊이 감사드린다. 그리고 언제 어디에서나 글 쓰는 작업을 지켜봐 주고 격려해 주고 채찍질해 주는, 나를 아는 모든 분과 함께 이 책이 나오는 기쁨을 나누고 싶다. 그들 모두에게 다시 한 번 고마움을 표한다.

1999년 6월
일산에서 송은영

● 차례

개정판 머리말 | 창의적 사고의 작은 디딤돌 되길 4
초판 머리말 | 과학은 바로 우리 곁에 있다 6

미스터 퐁 집에서 뒹구르르 1

찌그러진 탁구공 16 | 병뚜껑이 말을 안 들을 때 20 | 대청마루에는 왜 틈새가 있을까? 20 | 신생아는 울려야 잘 큰다? 22 | 전자레인지 안에서는 무슨 일이 벌어질까? 24 | SOS! 내 방에 먼지가 글쎄… 26 | 1차 전지들의 반항 28 | 날씬한 강철 대들보가 인기 있는 이유 30 | 비아그라의 비밀 32 | 좀약 말고는 없을까? 34

생활 속에서 건진 창의적 아이디어 ● 밀가루 반죽의 대변신, 콘플레이크 36
과학 지식 파고들기 ● 전자기파와 전파는 동의어? 38

맛의 달인 미스터 퐁 2

달걀 먼저 먹으면 안 돼요? 42 | 송편의 보디가드, 솔잎 44 | 된장독에 숯을 넣는 이유 46 | 막걸리를 투명하게 만드는 마술 48 | 세상에서 가장 단 수박을 먹는 법 50 | 오렌지 주스를 빨리 차게 하려면 52 | 미스터 퐁의 날계란 먹는 법 54 | 생선은 먹고 싶고, 비린내는 싫고! 56 | 음식물의 온도를 보존하려면 58

생활 속에서 건진 창의적 아이디어 ● '구멍 하나 뚫은 것뿐인데'… 도넛의 탄생 60
과학 지식 파고들기 ● 인체에 반드시 필요한 금속 영양소, 미네랄 62

3 미스터 풍 대공원에 가다

바이킹에서 모래를 뿌린다면? 66 | 물 높이를 맞혀 봐! 68 | 악어는 돌을 좋아해? 70 | 불가사의한 물고기 떼죽음 72 | 예의 바른 까치의 비밀 74 | 천하무적 흰불나방 76 | 물고기를 잘 잡는 법 78 | 그 많은 똥은 어디로 갔을까? 80 | 전선 위 참새의 운명 82

생활 속에서 건진 창의적 아이디어 ● 이산화탄소와 물의 만남, 탄산수 84

과학 지식 파고들기 ● 역학적 에너지는 보존된다 86 | 원자력 발전을 가능케 한 페르미 88 | 전선, 도선, 에나멜선 90

4 미스터 풍 영화 속으로

나는 엘리베이터가 움직이는 원리를 알고 있다 92 | 우리가 알던 고질라는 어디에? 94 | 어항이 갈라놓은 新 '로미오와 줄리엣' 96 | 도망자 98 | 뤼팽의 다이아몬드 구출 작전 100 | 쇼생크보다 더 겁나는 산성비 102 | 동굴을 빠져나오는 인디애나 존스 104 | 냉동 인간의 필수품 106 | 영화 보기 전에 과식은 NO! 108 | 3차원 입체 영화를 보려면 110

생활 속에서 건진 창의적 아이디어 ● 한 경마광의 열정이 낳은 영사기 발명 112

과학 지식 파고들기 ● 냉동 인간은 어디까지 실현 가능한가 114 | 편광은 빛의 파동성을 보여 준다 116 | 엘리베이터의 역사 118

미스터 풍 길 떠나다 5

경주용 차는 바퀴가 다르다? 122 | 자동차 기름이 떨어졌을 때 124 | 영원히 멈추지 않는 버스 126 | 유조차가 꼬리를 내린 이유 128 | 기차 바퀴와 빠르기 130 | 한강 다리가 군데군데 끊어져 있는 이유 132 | 나란히 경주하는 보트 134 | 폭발한 보트의 파편은 어디로? 136 | 날아가는 비행기가 저기압인 이유 138 | 비행기 안에서 둥둥 떠다니고 싶을 땐 140

생활 속에서 건진 창의적 아이디어 ● 자전거와 자동차의 절묘한 결합, 오토바이 142
과학 지식 파고들기 ● 타이어와 트레드 패턴 144 | 인류의 오랜 꿈, 영구 기관 147

미스터 풍 자연이 좋아 6

숲에 가면 살맛이 난다, 왜? 150 | 별들의 잔치는 언제 시작되나? 152 | 천체 망원경의 슬픈 사연 154 | 멀리, 더 멀리 보고 싶다 156 | 조선 시대 자명종 158 | 비닐하우스 방화범을 잡아라 160 | 태풍이 불 때 바닷물의 흐름은? 162 | 흑연이 다이아몬드가 된 이야기 164 | 타임머신을 타고 온 산호 화석 166 | 선사 유물의 연대를 추적하라! 168

생활 속에서 건진 창의적 아이디어 ● 사계절 내내 타는 스케이트, 롤러스케이트 170
과학 지식 파고들기 ● 근대적인 기상학을 보여 주는 측우기 172 | 방사선 양으로 지질학적 연대 측정하기 174

7 미스터 퐁 야구장에 가다

테니스공과 야구공의 대결 178 | 홈런은 우연이 아니야 180 | 야구장에 갈 때는 혈압약을? 182 | 스포츠맨이라면 이온 음료를! 184 | 스피드왕이 되려면 클랩 스케이트를! 186 | 얼음낚시는 어떻게 가능할까? 188 | 얼음은 왜 물에 뜰까? 190

생활 속에서 건진 창의적 아이디어 ● 공을 더 멀리 보내는 방법? …연식 야구공 192

과학 지식 파고들기 ● 장타를 노리는 타자가 알아야 할 물리학 194 | 인체의 여과와 배설을 담당하는 콩팥 196

8 쉿! 미스터 퐁은 데이트 중

하늘로 날아오르는 풍선의 비밀 200 | 비눗물을 들이마시지 않으려면 202 | 빗자루 머리를 매끄럽게 204 | 손수레를 밀어야 하나, 당겨야 하나 206 | 공포의 투시 카메라 208 | 투시 카메라를 무찌르는 방법 210 | 당구 좀 친다고? 이거 알아? 212 | 돌아오지 않는 부메랑 214 | 인구가 두 배로 늘면 지구는 몇 킬로그램 늘까? 216

생활 속에서 건진 창의적 아이디어 ● 깨진 플라스크에서 비롯된 안전유리의 탄생 218

과학 지식 파고들기 ● 우주에 가장 많이 존재하는 원소는? 220 | 대기압의 세기 221 | 당구공의 움직임 이해하기 222

미스터 풍의 꿈꾸는 하루

우주 시찰대의 기원 226 | 로켓의 공중 폭발 228 | 우주선 쏘아 올리기 1 230 | 우주선 쏘아 올리기 2 232 | 돌고 도는 우주 정거장 234 | 달의 표면이 오돌토돌한 이유 236 | 달에도 듣는 천둥소리는? 238 | 달을 뚫고 지나가는 열차 240 | 미지의 행성에서 풍선이 펑! 242 | 화성 암석 탐구 244 | 화성 식물의 생존 조건 246 | 화성의 야구 경기 248 | 지구인, 화성으로 이사 가다 250 | 우주 왕복선의 귀환 252

생활 속에서 건진 창의적 아이디어 ● 우주 비행의 꿈을 실현한 로켓 발사 254
과학 지식 파고들기 ● 무중력 공간에 인공 중력 더하기 256

사진 저작권 259

참고 자료 261

찾아보기 264

엄마, 아빠, 동생, 여자친구와 함께…

1

과학은 교과서나 연구소에만
존재하는 게 아니에요.
우리 집 방 안, 마루, 부엌 등
구석구석 숨어 있죠.
한번쯤 집에 혼자 있을 때 집 안을
쭈욱 둘러보세요.
예전엔 눈에 보이지 않던
것들이 저마다 손짓을
해 올 거예요.

미스터 퐁

집에서 뒹구르르

?! 찌그러진 탁구공

• •　　　　물체는 온도에 따라 상태가 변한다. 온도가 상승할수록 고체에서 액체, 액체에서 기체로 변하게 된다. 이러한 상태 변화를 상전이相轉移, phase transition 라고 한다.

온도가 높으면 열에너지가 강해져서 분자의 운동이 활발해진다. 그래서 고체보다는 액체가, 액체보다는 기체 분자가 활발히 운동하는 것이다. 따라서 고체를 액체로, 액체를 기체로 상전이시키려면 온도를 높여 주면 된다.

탁구공 속에 들어 있는 기체 분자도 온도를 높여 주면 활발한 운동을 하게 될 것이다. 상온에서는 힘이 없어 축 늘어져 있지만, 온도만 높여 주기만 하면 남아도는 운동 에너지를 주체하지 못하고 고삐 풀린 조랑말처럼 마구 날뛰게 될 것이다.

탁구공 속 기체 분자의 운동 에너지를 높이기 위해서는 끓는 물 속에 찌그러진 탁구공을 집어넣으면 된다. 온도가 올라간 기체 분자는 움푹 들어간 탁구공의 안쪽 벽을 사정없이 때리게 된다. 이는 탁구공을 원래의 모습으로 복원하기에 충분한 압력으로 작용한다.

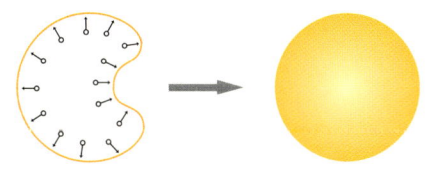

★ 찌그러진 탁구공을 끓는 물 속에 잠깐 집어넣으면 원래대로 복원된다.

병뚜껑이 말 안 들을 때

•• 질량은 일정하게 유지하면서 길이나 부피가 변하는 것을 팽창이라고 한다. 나무나 종이가 물을 흠뻑 먹어 부풀면, 길이와 부피가 변하면서 질량도 달라진다. 그래서 이런 경우는 팽창이라 하지 않는다.

기체, 액체, 고체는 열을 받으면 길이와 부피가 변하는데, 이처럼 물질이 열을 받아 팽창하는 것을 열팽창이라고 한다.

물질은 저마다의 열팽창률을 갖고 있다. 어떤 물질은 온도에 민감히 반응해 길이와 부피가 부쩍부쩍 늘지만, 어떤 물질은 웬만한 온도 변화에는 꿈쩍도 하지 않는다.

일반적으로 열팽창률은 고체보다 액체가, 액체보다 기체가 크다. 그리고 같은 고체라 하더라도 다양한 변화를 보인다.

다음 표는 고체 물질의 열팽창률을 상대적 수치로 비교한 것이다. 표에 나타나 있듯이 파이렉스보다 알루미늄의 열팽창률이 훨씬 크다. 따라서 용기는 파이렉스이고 뚜껑은 알루미늄으로 된 병이 열기를 받았을 때 파이렉스보다 알루미늄 쪽이 부피와 길이의 변화 폭이 더 크다. 즉 뜨거운 물에 파이렉스 병을 넣으면 알루미늄 병뚜껑이 어렵지 않게 쓰윽 열리게 된다.

물질	열팽창률
얼음	51
납	29
알루미늄	23
황동	19
구리	17
철	11
일반 유리	9
파이렉스	1.2
철·니켈 합금	0.7

★ 뜨거운 물에 뚜껑을 적신다.

?! 대청마루에는 왜 틈새가 있을까?

시원하다.

❶ 벌레

❷ 먼지

대청마루에
손가락이 들어갈 만한
틈을 낸 것은
무엇과 관계있을까?

❸ 바람

❹ 냄새

❺ 달빛

• • 　　우리 조상들은 뙤약볕이 내리쬐는 한여름이 되면 방보다는 대청마루에서 하루를 보내다시피 했다.

　방바닥이 지글지글 끓어오르는 온돌방은 겨울을 나기에는 문제없지만 평균 기온이 섭씨 30도를 웃도는 여름철에는 적당하지 않다. 그래서 일부러 틈을 두고 얼기설기 대청마루를 만든 것이다.

　대청마루의 틈새야말로 냉장고나 에어컨이 없던 시절에 우리 민족이 더운 여름을 이겨 내는 비결이었다.

　한여름에 대청마루 위에 누워 있으면 마루에 난 틈 사이사이로 선선한 바람이 솟아오른다. 이는 찬 공기가 아래로 깔리는 특성이 있기 때문이다. 그래서 대청마루 밑으로 스며들어 온 선선한 공기가 대청마루에 난 작은 틈으로 밀려 올라오면서 시원함을 느끼게 해 준다.

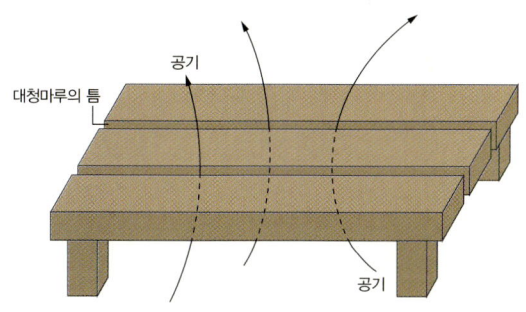

★ 틈새로 시원한 바람이 솟아오르도록 하기 위함이다.

?! 신생아는 울려야 잘 큰다?

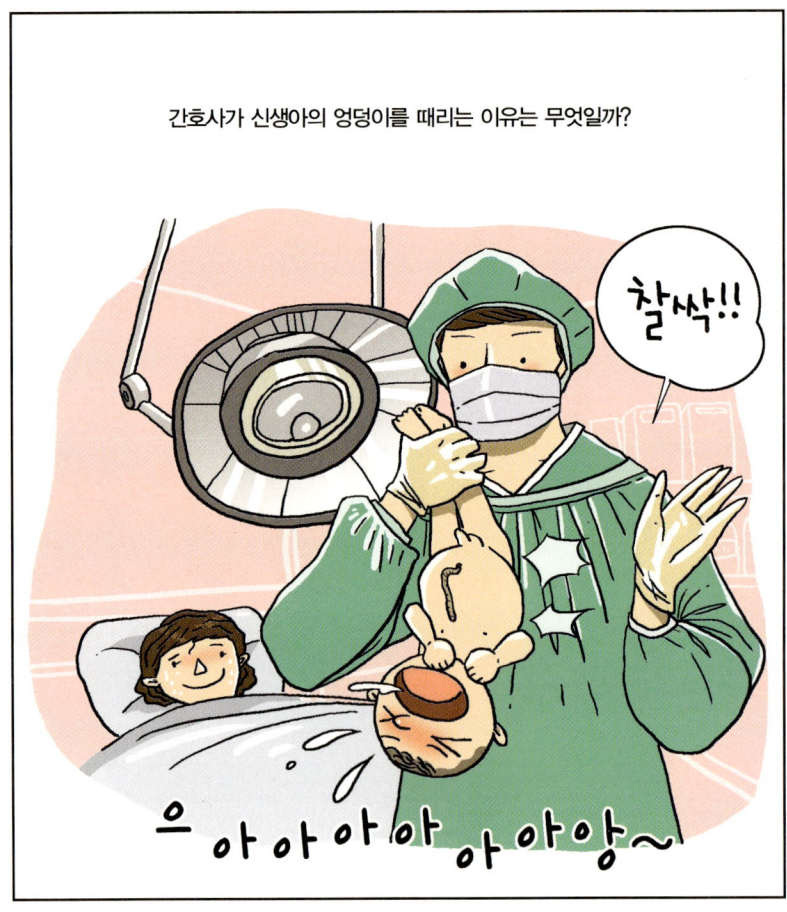

세상 모든 것들은 뜻깊은 변화로 시작을 알린다. 대폭발로 우주의 탄생을 알렸듯이 인간은 울음이라는 표현으로 자신이 세상에 나왔음을 알린다. '으아앙' 하며 내뱉는 울음은 이제 이 세상의 일원이 되었다는 선포와도 같다. 그런데 여기에는 그 이상의 과학적 의미가 있다.

엄마의 자궁에서 수정되어 열 달 동안 고이 자라는 태아는 양수 속에서 생활한다. 그러다 혹독한 출산의 고통을 엄마에게 안겨 주며 미끄러지듯이 자궁을 빠져나오면서 순식간에 뒤바뀐 환경을 맞이한다. 이제부터는 수중 생활이 아닌 공기가 가득 차 있는 색다른 세상에서 살아가야 하는 것이다.

이때부터 아이는 엄마 뱃속이 아닌 지구라는 탁 트인 공간에서 또 다른 삶을 살아가기 위해 허파를 이용한 호흡을 숨 가쁘게 시작한다.

그 첫 신호가 바로 세상을 향해 포효하듯 내뱉는 울음이다. 모체 속에서는 탯줄을 통해 엄마가 들여보내 준 산소를 어렵지 않게 공급받아 썼기 때문에 허파가 그다지 긴요하지 않았지만, 양수를 빠져나오면서부터는 그 기능을 십분 발휘해야 한다.

아기가 '으앙' 하며 울음을 내뱉으면 그때까지 공기가 들어 있지 않았던 허파로 공기가 들어간다. 그러면 허파가 팽창해 활짝 펴지며 본래의 기능을 되찾아 아이가 허파 호흡을 하게 되는 것이다.

★ 간호사가 신생아의 엉덩이를 때리는 것은 허파 호흡을 시작하도록 돕는 것이다.

전자레인지 안에서는 무슨 일이 벌어질까?

• • 　　전자레인지가 음식을 데울 수 있는 것은 전자기파의 활발한 운동 때문이다.

　전자레인지가 방출한 전자기파가 음식 속으로 파고들면 내부의 물 분자가 교란되어 마찰열이 발생한다. 물 분자는 단단히 얽매여 있지 않고 양이온과 음이온으로 결합되어 있어 쉽게 진동이 일어나는 것이다.

　전자레인지가 방출하는 전자기파는 수십억 헤르츠의 진동수를 갖는 마이크로파다. 헤르츠는 진동수의 단위로 1초 동안에 진동한 횟수를 뜻한다. 물 분자가 전자레인지 안에서 1초에 수십억 번이라는 가히 천문학적인 횟수로 진동하는 것이다.

　그러니 물 분자가 진동하는 횟수만큼 이웃한 분자들과 무수히 부딪칠 것이고, 당연히 그로 인해 막대한 마찰열이 내뿜어질 것이다. 이렇게 발생한 마찰열이 음식물 전체로 전달되어 음식이 데워지는 것이다.

　전자레인지를 사용하다 보면 음식이 고루 데워지지 않고 일부분이 특히 뜨거워지는 경우가 허다한데, 이는 수분 함량이 상대적으로 많은 곳에 높은 열이 발생했기 때문이다.

　또 전자레인지에 음식을 데우면 뜨거운 열이 강하게 발생하는데, 이는 전자기파가 아니라 음식물을 데우면서 발생한 수증기이므로 크게 염려하지 않아도 된다.

★ 전자레인지는 물 분자를 진동시켜 열을 발생시킨다.

SOS! 내 방에 먼지가 글쎄…

옷을 갈아입거나 침구를 정리하면서 생기는 먼지 입자를 제거하고, 맑은 공기를 공급하고, 적절한 습도를 유지하기 위해 환기는 더없이 중요하다. 그러나 도심 한복판에서, 그것도 삭막한 콘크리트 벽이 사방을 에워싸고 있는 밀폐된 건물 속에서 숲 속 환경과 같기를 기대하며 창문을 열어 놓을 수는 없다. 그래서 인위적인 공기 정화가 필요하다.

공기 청정기의 작동은 일단 실내의 오염된 공기를 흡수하는 것에서 시작한다. 비교적 입자가 큰 이물질은 공기 청정기의 앞쪽에 설치한 필터에서 걸러진다. 필터에서 거르지 못한 미세 입자는 그 뒤에 장착한 대전 집진 전극이 거둬들인다. 집진 전극에 전압을 걸면 마주 보는 두 극판에 양과 음의 전기가 발생한다. 그러면 집진 전극 사이에 들어와 머물고 있던 미세 입자가 정전기 현상에 의해 양쪽으로 끌려가 극판에 달라붙는다. 이 과정을 거치면 오염원을 거의 제거할 수 있다. 남는 것이라곤 오염 공기의 역겨운 냄새뿐인데, 이것은 마지막 장치인 활성탄 필터가 해결해 준다. 활성탄 필터를 지나 상쾌해진 공기는 다시 실내로 보내진다.

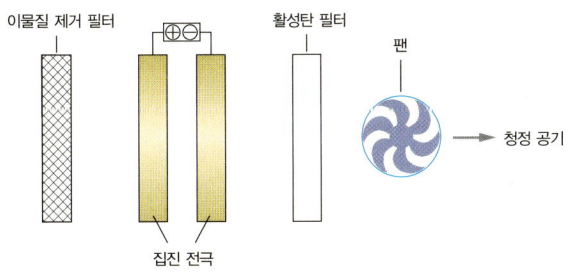

★ 공기 청정기는 정전기 현상을 이용해 미세 입자를 제거한다.

1차 전지들의 반항

• • "2차 전지는 충전이 가능한데, 1차 전지라고 못 할 것 없지." "1차 전지도 충전하면 오래는 아니더라도 얼마간은 사용할 수 있지 않겠어?" 이런 생각으로 1차 전지를 충전하려 한다면 이것이야말로 정말 우매하고 위험한 행동이다.

1차 전지는 대부분 아연을 음극으로 사용한다. 아연은 흔하고 값이 쌀 뿐 아니라 장시간 사용할 수 있는 등 장점이 많다. 그러나 결정적인 단점이 하나 있다. 충전했을 때 형태가 변형되고 극 주변으로 불순물이 생긴다. 이 때문에 충전용 물질로 사용하기에 적합하지 않다. 그래서 2차 전지에는 아연 대신에 충전과 방전의 특성이 우수한 금속을 전극으로 사용한다. 요즘은 리튬이 각광받는다.

1차 전지의 전극에 불순물이 생기면 아쉬워도 그것을 버려야 하는데, 굳이 재사용하겠다고 고집을 부리고 충전을 하면 일이 터지고 만다. 1차 전지에 전류를 흘려보내면 전해액 속의 수분이 전기 분해 된다. 즉 물이 수소와 산소로 분해되는 것이다. 전해액 electrolyte 은 전해질 용액의 줄임말로, 전기 분해를 하기 위해 전지의 양극과 음극을 담그는 용액을 말한다. 전기 분해로 발생한 수소와 산소는 충전 시 주어진 전기 에너지와 반응하게 되어 강렬하게 폭발한다.

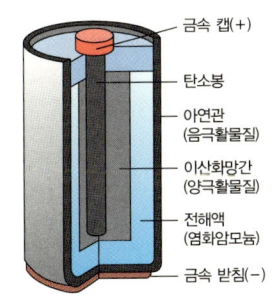

★ 1차 전지를 충전하면 폭발한다.

?! 날씬한 강철 대들보가 인기 있는 이유

● ●　　　대들보가 건축물에 수평으로 놓일 때는 주로 위쪽과 아래쪽에 힘이 걸리며, 그 사이 공간은 그다지 큰 힘을 받지 않는다.

역학적으로 중간 부분의 역할은 위쪽과 아래쪽을 연결시켜 주는 지지대일 뿐이다. 위아래를 연결해 주는 것이 주된 임무라면 굳이 가운데를 두툼하게 만들 필요가 없을 터이다.

가운데 부분을 과감히 도려내면 무게가 줄어 자체 붕괴의 위험도 줄일 수 있고, 강철이 덜 들어가므로 경제적으로도 이득이다.

단면이 직육면체인 대들보의 가운데를 잘라 내면 알파벳의 I자 모양이 된다. 이러한 형태의 강철을 I형강이라고 한다. 그리고 단면이 정육면체인 대들보의 가운데를 도려내면 알파벳의 H자 모양이 되는데, 이것을 H형강이라고 부른다.

이 외에도 강철의 단면 형태에 따라 T형강, Z형강, ㄷ형강, ㄱ형강이 있다.

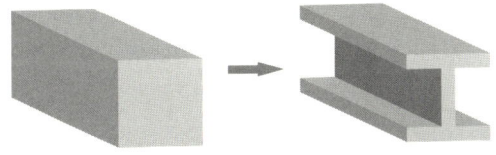

★ 대들보의 단면을 I자형이나 H자형으로 만들면 이점이 많다.

?! 비아그라의 비밀

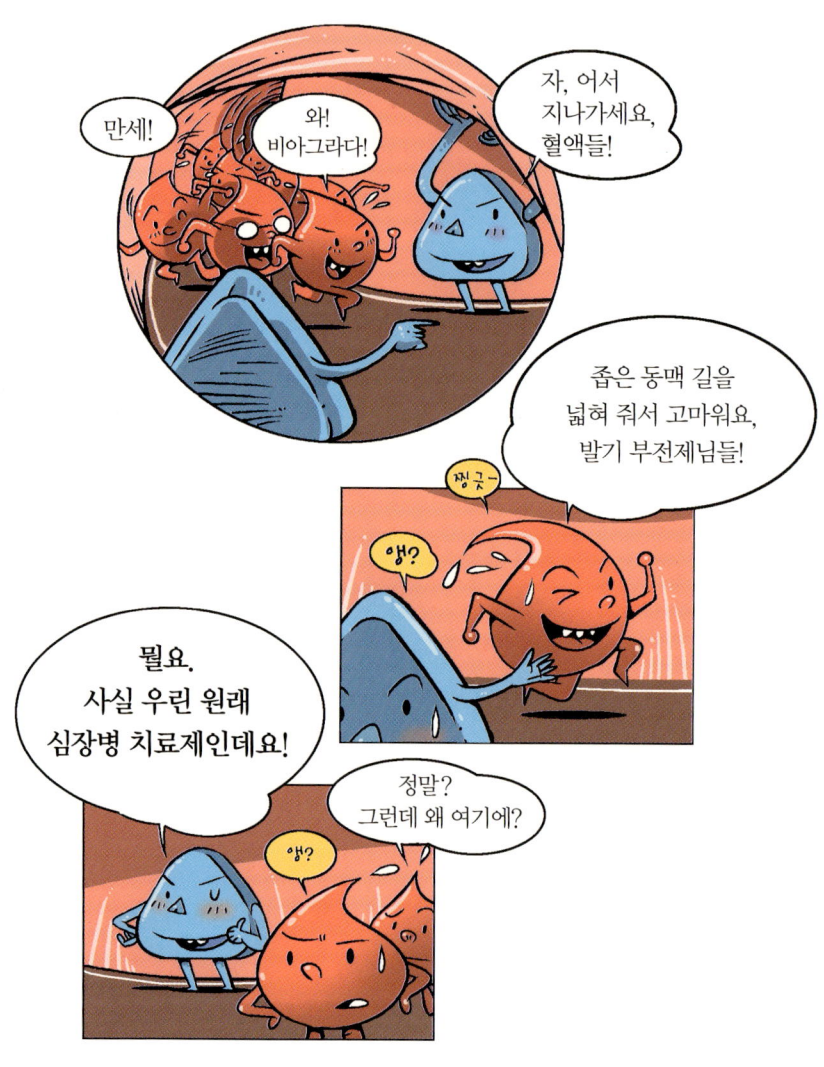

비아그라라는 상품명으로 팔리고 있는 발기 부전 치료제 실데나필sildenafil은 원래 협심증 치료제로 개발되었다. 심장으로 통하는 혈관을 확장시켜 혈압을 낮추는 효과가 있기 때문이다. 그런데 임상 실험 과정에서 성기의 혈관을 확장시키는 작용이 발견되어 발기 부전 치료제로 팔리게 되었다.

신체 기관은 대부분 동맥과 정맥이 일정한 간격을 두고 떨어져 있어서 동맥이 팽창해도 이웃한 정맥에 별다른 영향을 미치지 못한다. 그런데 남성의 성기는 동맥과 정맥이 다닥다닥 붙어 있다시피 해 동맥이 팽창하면 이웃한 정맥을 짓누르게 된다. 넓어진 동맥으로 피가 여유롭게 유입되는 반면, 동맥에 짓눌려 압박을 받은 정맥은 한번 들어온 피를 다시 방출하기 어렵다. 혈액의 유출이 쉽지 않으니 압력에 의해 부푼 성기가 그대로 꼿꼿한 상태를 유지할 수 있는 것이다.

이러한 원리를 밝혀낸 과학자 퍼치곳Robert F. Furchgott, 1916~2009과 머래드Ferid Murad, 1936~, 이그내로Louis J. Ignarro, 1941~는 1998년 노벨 생리의학상을 수상했다.

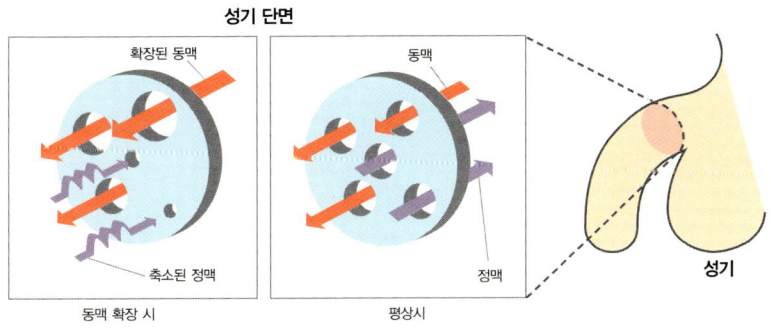

★ 비아그라는 혈관의 확장 효능이 있다.

?! 좀약 말고는 없을까?

• •　　　방충이란 넓은 의미로 '해충을 방제한다'는 뜻이지만 일반적으로는 '의류에 해충이 서식하는 것을 막는다'는 의미로 사용한다. 섬유 해충에는 옷좀나방과 양탄자좀나방과 같은 나방류, 새알수시렁이와 애수시렁이 같은 딱정벌레류, 그리고 바퀴벌레류가 있다.

　이러한 해충으로부터 섬유를 보호하는 방법으로는 금속제나 폴리에틸렌 용기에 의류를 넣고 밀폐시켜 놓거나, 일광 소독과 솔질로 해충을 박멸하거나, 승화성 기체를 적절히 이용하는 것이 있다.

　승화란 고체 상태에서 액체 상태를 거치지 않고 곧바로 기체 상태로 변하는 성질이다. 대표적인 승화성 물질은 나프탈렌 $C_{10}H_8$, 장뇌 $C_{10}H_{16}O$, 클로로벤젠 C_6H_5Cl 이 있다. 이들은 섬유 해충이 몹시 싫어하는 물질이다.

　섬유 해충이 꼭 승화성 물질만 싫어하는 것은 아니다. 그런데도 굳이 승화성 물질을 사용하는 건 옷감을 더럽히지 않기 위해서다. 고체에서 바로 기체 상태로 변해 날아가지 못하고 액체 상태로 계속 머문다면 옷에 심한 얼룩이 져 다시 세탁해야 하는 번거로움이 생긴다.

★ 옷 좀벌레의 방충제로는 승화성 물질을 사용한다.

생활 속에서 건진 창의적 아이디어

: 밀가루 반죽의 대변신, 콘플레이크

존 켈로그 John H. Kellogg 는 배틀크리크 요양소 주방의 창가에 우두커니 앉아서 창밖을 내다보고 있었다.

"희망이 없어…."

켈로그는 한숨을 내쉬었다. 요양소의 원장은 그의 형이었다. 형의 배려로 요양소에서 일자리를 얻었지만, 하루하루를 주방에서 뜻 없이 보내는 삶은 그저 답답하고 무력하기만 할 뿐이었다.

"자질구레한 일들에 파묻혀 사는, 미래가 없는 이러한 삶을 계속 이어 가야 하나?"

그렇게 힘겹게 나날을 보내던 어느 날이었다. 여느 날과 다름없이 켈로그는 맥없이 창밖으로 시선을 던지고 있었다.

"이게 무슨 냄새지? …이런!"

그제야 켈로그는 가마솥이 끓고 있는 것을 알았다. 화들짝 놀란 그는 즉시 가마솥의 불을 줄였다. 그나마 다행이었다. 가마솥 안에서 끓고 있던 밀가루 반죽이 크게 훼손되지 않은 상태였다. 그러나 일은 그다음에 벌어졌다.

"원장님이 부르십니다."

"형이 나를 찾는다고?"

켈로그는 밀가루 반죽을 꺼내 놓는 것을 깜빡 잊고 그냥 자리를 떴다. 밀가루 반죽은 고스란히 하루를 가마솥에서 보내게 되었다.

　이튿날 주방으로 출근한 켈로그는 아연 긴장하지 않을 수 없었다.
　"이 일을 어쩌면 좋아?"
　때맞춰 형이 주방으로 들어왔다.
　"쯧쯧, 내 이럴 줄 알았다. 그렇게 조심하라고 일렀건만…. 그래도 어쩌겠니. 버리기는 아까우니 물을 뿌려서 먹을 수 있으면 먹자."
　켈로그는 형의 말대로 해 보았다. 그러자 뜻밖의 일이 일어났다. 수분이 다 날아간 밀가루 반죽에 물을 부었더니 잘게 부수어 기름에 튀긴 과자 모양이 되는 것이었다. 여기에서 켈로그는 아이디어를 하나 얻었다.
　"밀가루 반죽을 튀겨 보면 어떨까?"
　켈로그의 아이디어는 요양소 환자들에게 대단한 호응을 얻었다. 이에 자신감을 얻은 켈로그는 독립 회사를 꾸려 콘플레이크를 팔기 시작했다. 곧 콘플레이크는 미국인의 아침 식사 대용으로 절대적인 환영을 받았다.
　이 이야기는 사물을 바라보는 다양한 시각의 중요성을 일깨워 준다.

과학지식 파고들기

: 전자기파와 전파는 동의어?

전파라는 단어는 우리에게 매우 낯익다. 어느 집을 가든 텔레비전이나 라디오가 있고 누구나 핸드폰을 갖고 다니면서 전파라는 단어는 이제 거의 일상어가 되었다.

그래서인지 전자기파와 전파를 같은 것으로 알고 있는 사람이 적잖다. 요즘처럼 줄임말이 대세가 되어 버린 시대에 전파를 전자기파의 줄임말로 여기는 것이 그다지 놀랄 만한 일은 아닐 것이다.

그러나 전자기파와 전파는 엄연히 다르다.

전기장과 자기장이 진동하면서 어우러지면 파동이 생기는데, 이것이 전자기파다. 전기장과 자기장의 진동은 일정한 것이 아니라 수시로 변한다. 따라서 전기장과 자기장의 진동으로 생기는 전자기파도 하나가 아니라 여럿이다. 즉 전자기파는 진동수 주파수 가 다른 많은 종류의 파로 이루어진다. 전파도 그중 하나인 것이다. 전파를 라디오파라고도 한다.

전파에는 장파, 중파, 중단파, 단파, 초단파 등이 있다. 이들은 주로 라디오와 텔레비전 같은 방송과 무선 통신에 사용한다. AM 방송은 53~1600킬로헤르츠의 전파, FM 방송에서는 88~108메가헤르츠의 전파를 널리 이용한다.

전자기파는 진동수뿐 아니라 파장으로도 표시할 수 있는데, 전파를 파장과 진동수로 나누면 다음과 같다.

일반적으로 초단파 이하의 전파는 마이크로파로 부른다. 파장이 1

전파의 분류

전파	파장(m)	진동수(kHz)
장파(long wave)	3000 이상	100 이하
중파(medium wave)	3000~200	100~1500
중단파(intermedium wave)	200~50	1500~6000
단파(short wave)	50~10	6000~3만
초단파(ultrashort wave)	10 이하	3만 이상

미터 진동수 300메가헤르츠 에서 0.1밀리미터 진동수 3000기가헤르츠 까지의 전파를 마이크로파라고 통칭하는 것이다. 마이크로파는 레이더와 전자레인지에 사용한다. 마이크로파보다 진동수가 커지면 적외선, 가시광선, 자외선이 되고 여기서 더 커지면 엑스선과 감마선이 된다.

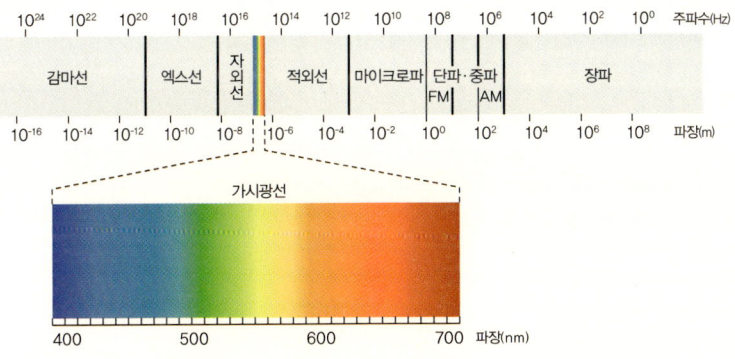

전자기파를 파장의 순서대로 나누면 아래와 같다.

파장에 따른 전자기파의 분류

전자기파	파장(nm)
감마선	0.001 이하
엑스선	0.001~1
자외선	1~400
가시광선	400~800
적외선	800~1000
전파	1000 이상

여기서 보듯, 전자기파에는 전파뿐 아니라, 적외선, 가시광선, 자외선, 엑스선, 감마선이 있으며 전파는 그중의 하나다. 전자기파가 전체 집합이라면 전파는 그 안에 속하는 부분 집합인 셈이다.

2

이젠 먹는 것도 과학이에요.
음식을 기막히게 맛있게 만드는 사람은
재료 속에 숨겨진
과학 원리를 알고 있는 거예요.
날마다 무심코 대하는 식탁에서
요리의 맛과 함께
과학 원리를 음미해 봅시다.

맛의 달인
미스터 퐁

달걀 먼저 먹으면 안 돼요?

● ● 　　　매콤한 고추장으로 먹음직스럽게 버무린 비빔냉면. 한여름 입맛을 돋우기에 부족함이 없는 음식이다. 그러나 비빔냉면을 즐기고 난 후에는 어김없이 괴로움이 찾아온다. 체내로 들어간 비빔냉면의 고추장은 체내 장기에서 숨 가쁜 화학 반응을 일으키고 열을 내뿜어 땀을 비 오듯 쏟게 하고 입 안을 불이 날 듯 얼얼하게 만든다.

　물론 이러한 반응은 사람마다 다를 수 있다. 하지만 매운맛으로 인한 입 속의 얼얼함은 미각과 촉각의 신경이 죽지 않는 한 누구라도 어쩔 수 없는 법이다. 그래서 매운맛을 조금이라도 가시게 하려고 컵에 물을 따라 우물우물 입 속을 헹궈 보지만 그렇게 해도 매운맛은 쉽게 가라앉지 않는다.

　고추 속에는 캡사이신 $C_{18}H_{27}O_3N$ 이라고 하는 화학 물질이 들어 있다. 캡사이신은 물과는 반응성이 약하나 기름과는 강하게 반응한다. 다시 말해 물에는 잘 녹지 않으나 기름에는 잘 녹는 특성이 있다.

　그런 까닭에 매운 음식을 먹고 난 뒤에 물보다는 기름기가 충분한 음식을 먹어야 매운맛을 빨리 없앨 수가 있다.

　따라서 매운 음식을 먹고 참기름이나 들기름을 한 숟가락 떠서 먹으면 좋을 것이다. 그러나 식당으로서는 그렇게 할 수는 없는 일이니 대신 삶은 달걀을 내놓는 것이다.

★ 달걀은 매운맛을 덜어 준다.

?! 송편의 보디가드, 솔잎

● ●　　　　식물은 여러 미생물로부터 자신을 보호하기 위해 살균 물질을 분비하거나 내뿜는데, 이를 피톤치드 phytoncide 라 한다.

　피톤치드는 그리스어로 '식물의'라는 뜻을 가진 'phyton'과 '죽이다'라는 뜻을 가진 'cide'가 합쳐져 만들어진 말이다. 러시아 생화학자 보리스 토킨 Boris P. Tokin, 1900~1984 이 1937년에 제안한 용어다.

　피톤치드는 공기 중에 떠도는 수많은 세균과 곰팡이 균을 죽이고, 해충이나 잡초가 식물에 해를 입히지 못하도록 한다.

　숲 속의 적잖은 나무가 저마다 피톤치드를 방출하는데, 그 가운데서도 으뜸은 소나무다. 소나무가 방출하는 피톤치드는 보통 나무의 10여 배에 달할 정도로 강력하다.

　송편 시루에 다른 잎을 넣지 않고 솔잎을 넣는 것도 이러한 이유 때문이다. 시루 속에 담긴 싱싱한 솔잎은 피톤치드를 강력히 내뿜을 것이고, 송편은 그러한 피톤치드를 빨아들여 세균이 침입할 틈을 미연에 방지하므로 오래도록 부패하지 않게 된다. 이처럼 송편 속 솔잎 하나에까지 우리 선조의 지혜가 깃들어 있다.

★ 솔잎의 피톤치드는 강력한 항균 작용을 한다.

?! 된장독에 숯을 넣는 이유

• • 　　　된장은 발효 식품이다.

　발효가 제대로 이루어지기 위해선 미생물의 활동이 절대적이다. 미생물이 발효를 돕지 않으면 곧바로 부패하기 때문이다. 부패한 음식은 본래의 맛을 잃는 것은 물론, 인체에 해로운 독성까지 띤다.

　숯에는 0.001밀리미터쯤 되는 미세한 구멍이 무수히 뚫려 있다. 그런데 신기한 건 그 미세한 구멍이 유해 미생물의 삶을 억제한다는 것이다. 다시 말해 인체에 해로운 미생물은 그 미세 구멍 속에서 기생할 수 없는 반면, 인체에 유익한 미생물은 개나리가 봄을 맞듯 포근히 서식할 수 있다. 숯이 유익한 미생물의 안락한 서식지를 제공하는 셈이다. 그렇게 숯의 미세 구멍 속에 둥지를 튼 미생물은 된장을 발효시키는 데 일익을 톡톡히 해낸다.

　또 숯에는 인체의 신진대사가 원활하도록 도와주는 미량 물질인 미네랄이 10퍼센트 이상 풍부히 들어 있다. 나무가 빨아들인 미네랄이 그대로 농축되어 있는 것이다. 그래서 된장이나 간장에 숯을 넣으면 미네랄이 자연스럽게 스며 나온다.

　우리의 전통 된장과 간장의 맛은 다름 아닌 미네랄의 맛이라 할 수 있다.

★ 숯의 미세한 구멍이 미생물의 활동을 적절히 조절한다.

막걸리를 투명하게 만드는 마술

•• 우리 선조들의 번뜩이는 지혜가 담긴 술, 청주. 예부터 탁한 막걸리에서 맑은 청주를 만들 때는 다음과 같은 방법을 이용했다.

1. 가마솥에 막걸리를 붓는다.
2. 가마솥 안에 빈 그릇을 놓는다.
3. 가마솥 뚜껑을 뒤집어 가마솥 위에 올려놓는다.
4. 가마솥 뚜껑 위에 찬물을 담는다.
5. 아궁이에 불을 지펴 막걸리를 부글부글 끓인다.
6. 일정 온도에 이르면 막걸리의 알코올 성분과 물이 수증기로 변해 상승한다.
7. 가마솥 뚜껑에 달라붙은 알코올 성분과 물이 서서히 액체로 변한다. 가마솥 뚜껑 위에 담긴 찬물이 그 즈음에서 제 역할을 하는 것이다.
8. 액체로 변한 알코올 성분과 물이 뚜껑 손잡이 쪽으로 흘러내려 그릇 속으로 뚝뚝 떨어진다. 이렇게 받은 그릇 속 액체가 투명한 청주다.

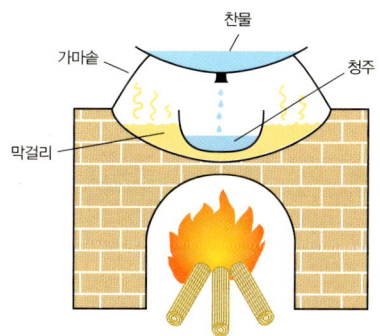

★ 청주는 끓는점을 이용한 우리 민족 고유의 술이다.

세상에서 가장 단 수박을 먹는 법

수박을 더욱 달게 먹는 방법이 없을까?

이글거리는 뙤약볕에 쪼였다가 먹는다.

맵게 담근 김치와 곁들여 먹는다.

표면에 알코올을 발랐다가 먹는다.

냉장고에 넣었다가 먹는다.

냉동실에 꽁꽁 얼렸다가 먹는다.

•• 　　　　설탕은 단맛을 내는 물질로, 소화 과정에서 적절히 분해되어 포도당과 과당으로 변한다. 그런데 설탕과 포도당, 과당의 단맛에는 조금씩 차이가 있다. 설탕의 단맛을 100이라고 했을 때, 포도당의 단맛은 65~75, 과당의 단맛은 115~117가량 된다. 다시 말해 설탕에 비해 포도당은 단맛이 떨어지고 과당은 상대적으로 단맛이 강한 것이다. 따라서 포도당보다 과당이 많을수록 과일의 맛이 달다.

　과일 속에는 거의 예외 없이 과당이 들어 있다. 과당에는 알파형과 베타형이 있는데, 베타형이 알파형보다 3배쯤 더 달다.

　온도가 낮아지면 과당의 알파형은 베타형으로 바뀐다. 그래서 과일을 냉장고에 넣어 두거나 찬물에 담가 놓으면 베타형의 함량이 높아져 과일의 단맛이 한층 높아지는 것이다.

　그렇다고 무조건 차게 한다고 과일이 달아지지는 않는다. 적당히 차가워져야지, 너무 꽁꽁 얼리게 되면 혀의 감각 세포가 둔해져 오히려 단맛을 느끼지 못한다.

　한편 과당의 당도는 가열하면 3분의 1로 떨어진다.

★ 적당히 차게 하면 과일의 당도가 높아진다.

오렌지 주스를 빨리 차게 하려면

• • 　　표면적과 부피의 상대적 비율은 물체의 크기가 클수록 더욱 심한 차이를 보인다.

이러한 이유는 4장의 '우리가 알던 고질라는 어디에?'에 자세히 설명해 놓았다.

잘게 부순 얼음의 부피는 그래서 큰 얼음보다 표면적이 클 수밖에 없다. 표면적이 크면 다른 물체와 접촉하는 면적도 넓다.

오렌지 주스의 온도를 조금이라도 빨리 낮추려면 컵과 맞닿는 얼음의 면적, 즉 접촉 면적이 클수록 유리하다. 얼음의 양이 같을 경우, 표면적의 접촉 비율이 높은 것은 그래서 잘게 부순 얼음이다. 따라서 부피가 큰 얼음보다 잘게 나눈 얼음이 오렌지 주스를 더 빨리 냉각시킨다.

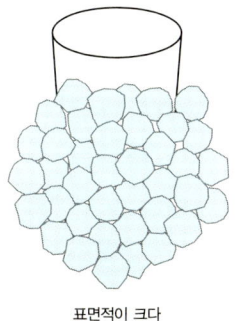
표면적이 크다

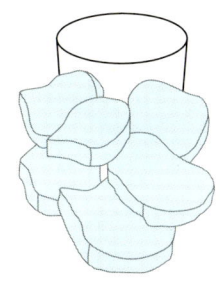
표면적이 작다

★ 잘게 부순 얼음이 음료수를 더 빨리 냉각시킨다.

?! 미스터 퐁의 날계란 먹는 법

∙ ∙ 　　　날계란에 작용하는 힘을 생각해 보자. 우선 밖에서 안으로 미는 힘이 있다. 이것은 날계란 밖의 공기들이 계란 껍질을 누르는 힘으로, 대기압이 이 역할을 한다. 다음으론 안에서 밖으로 미는 힘이 있다. 이것은 날계란 속의 흰자와 노른자가 계란 껍질을 밖으로 밀치는 힘이다.

안에서 밖으로 밀치는 힘은 대기압에 미치지 못한다. 왜냐하면 흰자와 노른자가 밖으로 미는 힘이 대기압보다 강하다면 껍질이 깨져 계란이 흘러나와야 할 텐데 그렇지 않기 때문이다.

구멍을 하나 뚫는 정도로는 대기압을 이기기 어려워 계란이 밖으로 나오기 어렵다. 그래서 대기압을 충분히 이용하기 위해 위쪽에 구멍을 하나 더 뚫는 것이다.

그렇게 하면 공기가 날계란의 위쪽 구멍으로 들어가서 아래로 내리누르는 힘을 작용시켜 흰자와 노른자가 밖으로 밀려 내려오도록 해 준다. 구멍을 아래위로 뚫는 것은 바로 이러한 이점을 십분 살린 것이다.

당장 한번 실험해 보자.

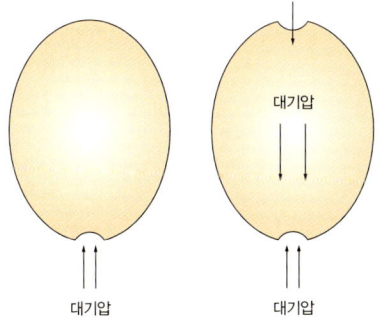

★ 날계란을 아래위로 뚫으면 대기압에 의해 흰자와 노른자가 쉽게 흘러나온다.

• •   잘게 썬 파와 석둑석둑 자른 무, 그 속에 파묻힌 고등어가 뽀글뽀글 끓고 있다. 고등어에 알레르기 반응을 보이는 사람이 아니라면 십중팔구 그 조림에 꿀꺽 입맛을 다실 터이다. 그러나 미스터 퐁의 경우처럼, 대부분의 사람들은 생선을 즐기면서도 비린내만큼은 진저리를 친다.

좋은 맛만을 취하고 그에 딸린 냄새는 피하려는 것이 어찌 생각하면 욕심이 지나친 게 아닐까 싶기도 하지만, 후각도 주요 감각 기관 중 하나이므로 그것을 자극하지 않고 음식을 먹을 수 있다면 그보다 좋을 수는 없을 것이다.

그런데 생선에서는 왜 비린내가 나는 걸까? 생선 속의 트리메틸아민 trimethylamine 이라는 물질 때문이다. 트리메틸아민은 질소 원자를 포함하는 염기성 화합물로, 생선에 들어 있는 산화트리메틸아민이 분해되어 생긴다. 즉 신선하지 않은 생선은 산화트리메틸아민이 많이 분해되어 비린내가 심하게 나는 것이다.

생선을 먹기 전에 식초나 레몬즙을 뿌리는 것을 흔히 볼 수 있는데, 이는 산성인 식초와 레몬즙이, 염기성인 트리메틸아민과 중화 반응을 일으켜 비린내를 없애 주기 때문이다. 생선을 자른 칼이나 도마를 묽은 식초로 닦으면 비린내가 덜 나는 것도 마찬가지 이유다.

★ 식초가 비린내를 완화시켜 준다.

?! 음식물의 온도를 보존하려면

아, 배부르다. 정말 잘 먹었어.

음료를 이렇게나 많이 남기고?

걱정 마. 이 보온병에 넣어 가면 돼. 내부 벽이 이중 구조로 되어 있고 은으로 도금한 유리라 열 차단 효과가 뛰어나지.

아항. 거기에다 단열 효과를 더 높일 수 있는 방법이 있는데… 혹시 아니?

• • 　　　　열이 전달되는 방식에는 전도, 대류, 복사의 세 가지 형태가 있다. 은도금한 이중벽은 이 가운데 복사를 통해 단열 효과를 높인다. 복사란 열이 외부의 도움을 받지 않고 직접 이동하는 현상이다. 전구나 난로의 열 이동이나, 태양 빛의 열 방출이 그 좋은 예다.

　용기 속에 찬 음료를 넣으면 바깥의 뜨거운 공기가 내부로 들어오려고 하는데, 이때 은도금한 이중벽이 열을 반사해 용기의 온도 상승을 막아 준다. 또 내부에 뜨거운 액체가 들어 있으면 내용물이 방출하는 열을 반사해 열 유출을 차단한다.

　그렇다면 남은 것은 전도와 대류에 의한 열 유출을 적절히 차단하는 일이다. 전도와 대류는 복사와는 달리 매개체를 필요로 한다. 전도는 열이 물체를 따라 이동하는 것이고, 대류는 물질의 순환에 의해 열이 움직이는 현상이다.

　전도와 대류는 그 특성상 두 물질 사이에 공기라도 존재해야 열을 전달할 수 있다. 공기조차 없는 진공 상태가 되면 두말할 나위 없이 전도와 대류에 의한 열 유출은 불가능하다. 그래서 은도금한 이중벽 사이를 진공으로 만들면 단열 효과를 한층 더 높일 수가 있다. 보온병은 이런 원리를 적절히 응용한 예다.

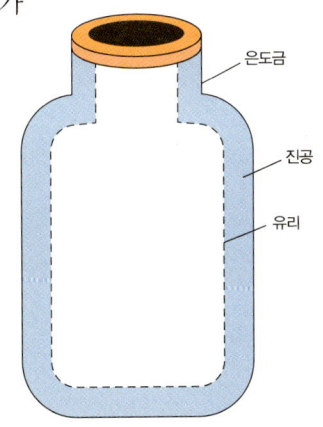

★ 은도금한 이중 벽 사이를 진공으로 만든다.

생활 속에서 건진 창의적 아이디어

: '구멍 하나 뚫은 것뿐인데'… 도넛의 탄생

식탁 위에는 먹음직스러워 보이는 프라이드케이크friedcake가 예쁜 쟁반에 담겨 있었다. 핸슨 그레고리Hanson Gregory, 1832~1921는 침을 꿀꺽 삼키며 포크를 들어 케이크를 한 조각 찍었다. 둘이 먹다 하나가 죽어도 모를 환상적인 맛이었다.

그레고리는 케이크를 가에서부터 중심 쪽으로 조금씩 먹어 나갔다. 그런데 이게 어찌 된 일인가?

가장자리 쪽은 알맞게 구워져 바삭바삭한 맛이 미각 중추를 현혹했으나, 안쪽은 채 구워지지 않아 반죽 상태의 밀가루가 그대로 씹혔다. 그레고리와 프라이드케이크의 인연은 이렇게 시작되었다.

그 후로 그레고리는 프라이드케이크를 찾을 때면 늘 그때의 기억을 떠올리며 케이크 안쪽을 유심히 살피곤 했다.

그러나 케이크의 가장자리와 중심 쪽 모두 고르게 익히는 것이 쉬운 일은 아니었다. 중심 쪽이 바삭바삭하면 가장자리가 심하게 타서 먹기에는 너무 썼다. 그렇다고 가장자리를 적당히 익히면 가운데가 익지 않으니 환장할 노릇이었다.

그러던 어느 날이었다.

여느 때와 마찬가지로 그레고리는 프라이드케이크를 응시하고 있었다. 그러나 그의 눈빛이 평상시와는 사뭇 달랐다.

좋은 영감이 떠오른 것이 분명했다.

'그래, 그렇게 해 보는 거야.'

그레고리는 포크로 케이크의 가운데 부분을 쿡쿡 찍어 도려냈다. 그러자 케이크는 이내 가운데가 뻥 뚫린 모양이 되었다.

그레고리는 그렇게 구멍이 난 케이크를 들고 만면에 득의의 미소를 지었다. 그러고는 주방으로 냅다 뛰어 들어가 남은 밀가루 반죽을 마저 그런 모양으로 만들어 기름에 튀겨 보았다. 예상한 대로였다. 프라이드케이크의 안쪽과 바깥쪽에 기름이 골고루 전달되어 바삭바삭해졌다. 도넛은 이렇게 해서 탄생했다.

이것은 열을 효율적으로 전달하는 방법을 창의적 아이디어에 훌륭히 적용한 예다.

과학지식 파고들기

: 인체에 반드시 필요한 금속 영양소, 미네랄

미네랄이란 • 우리 몸을 지탱하고 에너지를 만드는 데 탄수화물, 단백질, 지방은 없어서는 안 되는 물질이다. 하지만 이들만으로 생명을 이어 갈 수는 없다. 미네랄이 부족하면 영양 결핍에 빠지고, 심하면 목숨을 잃는다. 미네랄은 생체의 생리 기능에 필요한 광물성 영양소로 무기질이라고도 한다. 대표적으로 칼륨, 나트륨, 칼슘, 인, 철 따위가 있다.

미네랄이 우리 몸에서 차지하는 비율은 미미하지만 역할은 엄청나다. 미네랄 없는 인체는 오아시스 없는 사막이나 마찬가지다. 하지만 미네랄은 체내에서 생산되거나 합성되지 않는다. 그래서 채소 등의 여러 음식을 골고루 섭취해 보충해 주어야 한다.

우리 몸에 필요한 미네랄은 경금속뿐 아니라 망간, 크롬, 몰리브덴 같은 중금속도 포함한다. 이것은 미량 미네랄이라고 한다. 그러나 여기서 말하는 중금속은 '중금속 오염'이나 '중금속 중독'과 같이 언론이나 방송에서 말하는 중금속과는 다르다.

미량 미네랄의 중금속은 적은 양으로 인체에 반드시 필요한 물질인 반면, 중금속 오염이나 중금속 중독의 중금속은 인체에 불필요한 물질이다. 인체에 유해한 중금속은 우리 몸이 반드시 필요로 하는 미네랄을 흡수하지 못하게 하고 정상적인 생리 활동을 방해한다. 예를 들어, 몸에 철분이 충분해도 수은 중독이나 납 중독에 걸리면 빈혈이 생길 수 있다.

필수 미네랄 • 여러 종류의 미네랄 중에서 인체에 반드시 필요한 것을 필수 미네랄이라고 한다. 필수 미네랄 10가지를 소개한다.

칼슘 Ca • 뼈와 치아를 이루는 기본 물질일 뿐 아니라, 혈관의 수축과 이완, 신경의 자극, 근육 수축, 혈액 응고, 호르몬 분비에 중요한 역할을 한다. 핏속에는 칼슘이 들어 있는데, 혈중 칼슘 농도가 적정하지 못하면 뼛속 칼슘이 혈액으로 빠져나가 뼈가 약해진다. 우유와 유제품, 생선 뼈와 짙푸른 채소에 많다.

인 P • 칼슘과 함께 뼈와 치아를 이루는 중요 물질이다. 뼈의 구성 성분 중, 인과 칼슘의 비율은 60 대 40 정도로 인이 더 많다. 인은 세포막과 DNA을 이루는 주요 성분이고, 신경과 근육의 작용에도 관여한다. 모든 음식에 골고루 들어 있지만, 유제품과 고기, 생선에 특히 많다.

나트륨 Na • 체액의 성분으로 혈압과 혈액의 양, 삼투압을 조절한다. 그리고 신경의 자극과 근육의 수축에 관여한다. 소금에 풍부하다.

칼륨 K • 몸속 칼륨은 대부분 세포 안에 있고, 그중에서도 근육 세포 안에 많다. 신경, 근육, 심장의 기능에 절대적이다. 나트륨이 과다하면 혈압이 높아지는 반면, 칼륨은 혈압을 낮추는 특성이 있다. 과일과 채소에 풍부하다.

마그네슘 Mg • 탄수화물과 단백질에서 에너지를 뽑아내는 데 긴요하게 작용한다. 또 핵산과 단백질, 세포막과 염색체의 합성과 뼈를 구성하는 데도 관여한다. 녹색 식물과 야채에 풍부하다. 곡식에도 들어 있지만 도정(속꺼풀을 벗겨 깨끗이 하거나 찧음) 과정에서 대부분 소실되므로 가공식품을 많이 먹을 경우 마그네슘 결핍이 생길 수 있다.

염소 Cl ● 나트륨과 협력해 몸속의 수분을 정상적으로 유지해 주고 전해질(나트륨 양이온, 염소 음이온 등과 같이 물에 녹아서 전기의 특성을 띠는 물질)을 균형 있게 조절한다. 소금과 해초류, 과일, 채소에 많다.

철 Fe ● 적혈구를 이루는 헤모글로빈의 주요 성분이다. 몸속의 독성과 약물을 해독하는 데 관여한다. 부족하면 빈혈이 생긴다. 고기와 생선에 많다.

아연 Zn ● 탄수화물, 단백질, 지방, 핵산의 합성과 분해에 관여한다. 특히 세포 분화와 증식, 유전자에서 중요한 역할을 하고, 면역 기능과 생식 능력이 원활하게 이루어지도록 도와준다. 고기, 조개, 굴, 콩류에 풍부하다.

요오드 I ● 갑상선 호르몬의 기본 물질로, 갑상선이 정상적인 기능을 하는 데 꼭 필요하다. 미역, 다시마, 김, 굴, 게, 새우와 같은 해조류와 해산물에 풍부하다.

구리 Cu ● 세포의 에너지 생산에 필수적인 물질이다. 중추 신경계의 활동에 관여하고, 멜라닌 색소의 합성에 도움을 준다. 부족할 경우 빈혈이 나타나는데, 이때는 철이 아니라 구리를 보충해 주어야 한다. 육류와 조개류, 견과류에 많다.

친구나 가족과 함께 대공원에
놀러 가는데 과학이 웬 말이냐고요?
…라고 하는 분들은
정말 반쪽짜리 삶을 사는 거예요.
놀이 속에서 과학을 발견할 수 있다는 것,
이것도 사람이 동물과 다른 점이라고요.
그럼 동물들의 세상에서
과학을 사냥해 봅시다!

미스터 퐁

대공원에 가다

바이킹에서 모래를 뿌린다면?

시계추처럼 좌우로 반복 운동을 하는 이 모래 추를 편의상 '모래시계'라고 하자. 모래시계 구멍의 크기는 변하지 않는다. 그래서 모래가 구멍에서 빠져나오는 양은 항상 일정하다.

따라서 모래시계가 움직이는 내내 동일한 속도, 즉 등속도로 이동하면 바닥에 쌓이는 모래의 높이는 수평을 이루어야 한다. 그런데 모래시계가 등속도로 움직이지 않으면 어떻게 될까? 모래시계가 천천히 움직이는 곳에서는 모래가 많이 쌓이고, 빨리 움직이는 곳에서는 모래가 적게 쌓이게 된다.

그렇다면 모래시계의 속도가 가장 느린 곳과 빠른 곳은 어디일까?

모래시계를 그네라고 생각해 보자. 그네의 속력이 가장 빠를 때는 그네가 가장 높이 오를 때인가, 가장 낮게 내려올 때인가? 그렇다. 가장 낮게 내려올 때다.

모래시계도 그네와 다르지 않은 운동을 하는 셈이니, 모래가 쌓이는 형상은 모래시계가 가장 빠르게 움직이는 곳 가장 낮게 내려온 가운데 부분에서 제일 적게 쌓이고, 가장 느리게 움직이는 곳 가장 높게 오른 양 끝에서 제일 많이 쌓이는 모양이 된다.

모래가 쌓이는 형상은 역학적 에너지를 이용해서도 알아낼 수가 있다. 이에 대해서는 이 장의 끝에 설명해 놓았다.

★ 양 끝이 가장 높고, 가운데가 가장 낮게 쌓인다.

?! 물 높이를 맞혀 봐!

● ● 　　　지구에는 공기가 드넓게 퍼져 있다. 세세히 따지면 지구 곳곳에 머물고 있는 공기의 양은 다를 것이다. 어디에는 1천조 개의 공기 입자가 있을 수 있고, 어디에는 그보다 공기 입자가 1개 많거나 2개쯤 적을 수도 있다. 그렇지만 이러한 정도의 미세한 차이까지 고려하면서 대기압을 따질 수는 없다. 우리의 과학 기술 수준이 그러한 경지에까지 이르지 못했기 때문이기도 하거니와, 공기 입자 한두 개 더 있고 없는 것이 대기압의 세기에 결정적인 차이를 낳는 요인이 되지 못하기 때문이기도 하다.

　그래서 대기압을 이야기할 때, 공기 입자가 지구 상공에 골고루 퍼져 있다고 가정한다. 곧 지구의 대기압이 지표 어디에서나 일정하다는 뜻으로 보아도 무방하다. 모양새가 어떻든 바닥의 동일한 면적이 받는 압력은 다르지 않다는 얘기이기도 하다. 그래서 비커의 모양이 달라도 액체는 같은 높이까지 올라온다. 대기압의 세기 및 1기압과 수은주의 관계에 대해선 8장의 '과학 지식 파고들기'를 참고하라.

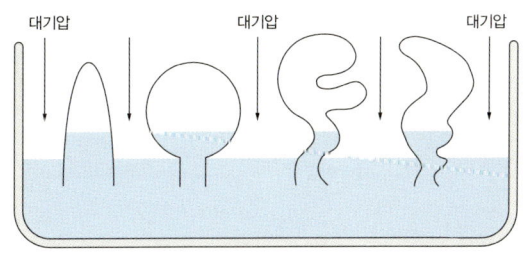

★ 비커 모양에 상관없이 액체의 높이는 모두 같다.

?! 악어는 돌을 좋아해?

물체가 물 위에 뜨느냐 가라앉느냐는 밀도와 관계가 있다. 이는 다음의 세 가지 경우로 요약된다.

1. 물체의 밀도가 유체보다 크면 가라앉는다.
2. 물체의 밀도가 유체보다 작으면 뜬다.
3. 물체와 유체의 밀도가 엇비슷하면 가라앉지도 뜨지도 않는다.

따라서 물 위에 떠오르기 위해선 물체의 밀도를 줄여야 하고, 물속으로 가라앉기 위해선 물체의 밀도를 높여야 한다. 참고로 유체의 밀도를 줄이면 물체는 밀도가 상대적으로 높아져 가라앉고, 유체의 밀도를 높이면 물체는 밀도가 상대적으로 낮아져 뜨게 된다.

밀도는 질량을 부피로 나눈 값이다. 즉 '밀도 = 질량 ÷ 부피'이다. 따라서 밀도를 조절하려면 질량이나 부피를 변화시키면 된다.

악어는 먹이를 구할 때 수면 바로 밑까지 잠수하여 눈 부위만 살짝 드러낸 상태로 먹이에게 다가간다. 이때 정상적인 상태에선 몸이 둥둥 떠오르니 당연히 밀도를 높여야 하는데, 부피는 마음대로 줄일 수 없으므로 무게를 늘리기 위해 돌덩이를 입 속에 넣는다.

악어는 이렇게 입에 문 돌을 삼키지 않고 먹이 가까이에 다가가면 뱉어 낸다. 악어의 위 속에서 간간이 돌덩이가 발견되는데, 이는 물고 있다 바스러진 돌이 목구멍으로 넘어간 것이다. 물론 모든 악어가 먹이 사냥에서 항상 돌을 물고 잠수하는 것은 아니다.

★ 악어가 돌을 먹는 것은 수면 밑으로 잠수하기 위해서다.

불가사의한 물고기 떼죽음

• •　　　핵 발전소는 에너지를 얻기 위해 물을 적절히 이용한다. 그러고는 사용한 물을 발전소 밖으로 배출하는데, 이때 물을 적당히 식혀 내보내야지 그렇지 않고 뜨거운 물을 무작정 방류하면 주변 생태계가 심각한 해를 입게 된다. 그 좋은 예가 물고기의 떼죽음이다.

온도가 높을수록 기체의 용해도溶解度, solubility는 급격히 감소한다. 용해도는 용매 100그램에 녹을 수 있는 용질의 최대량이다. 쉽게 예를 들어, 물 100그램용매에 얼마나 많은 소금이나 설탕용질이 녹느냐를 나타내는 것이다.

용해도는 온도와 깊은 관련이 있다. 물의 온도가 올라갈수록 물속에 녹아드는 기체의 양은 빠르게 감소한다. 이러한 현상은 사이다 속의 거품이 잘 보여 준다. 사이다가 뜨거울수록 톡 쏘는 맛이 사라지는데, 이것은 온도가 높아지면서 사이다 속에 녹아드는 이산화탄소의 양이 현격히 줄어들기 때문이다.

마찬가지로, 물속에는 물고기가 숨 쉬기에 적당한 양의 산소가 녹아 있어야 하므로 온도가 적당해야 한다.

그런데 핵 발전소에서 뜨거운 물을 그대로 방류하면 어떻게 되겠는가? 기체의 용해도가 급속히 낮아지면서 주변 강의 용존溶存 산소량이 급격히 줄게 되고, 산소가 부족해진 물고기는 난데없이 날벼락을 맞은 꼴이 되어 떼죽음을 당하고 만다.

★ 핵 발전소에서 뜨거운 물을 방류해 물고기 떼죽음을 초래했다.

예의 바른 까치의 비밀

∙ ∙   과학자들도 이 현상을 보고 처음에는 모이를 먹고 있는 동료를 방해하지 않기 위한 것이라고 생각했다. 그러나 그 이유가 다른 데 있다는 사실이 나중에 밝혀졌다.

미국 몬태나 대학 연구 팀은 바람의 세기를 조절할 수 있는 풍동(風洞, wind tunnel) 속에서 까치의 비행 속도와 에너지 소모량에 대해 연구했다. 풍동은 터널 형태의 공간 속에서 인공으로 바람을 일으켜 기류가 물체에 미치는 작용이나 영향을 실험하는 장치를 말한다.(사진 참조) 실험 결과 다음과 같은 자료를 얻을 수 있었다.

비행 속도에 따른 까치의 에너지 소모

속도(m/s)	정지	2	4	6	8	10	12	14
소모 에너지(Joule)	0.19	0.10	0.08	0.08	0.10	0.07	0.08	0.08

이 표를 보면 까치가 에너지를 가장 많이 소비하는 경우는 허공에서 정지하는 순간, 그러니까 허공에 떠서 날갯짓은 하되 제자리에 머물러 있을 때다. 따라서 모이를 먹기 위해 여러 마리의 까치가 동시에 공중에 떠 있다면 에너지 소모가 많아진다. 한 마리가 모이를 먹고 날아간 후에 다음 까치가 날아와 모이를 먹게 되면 에너지 소모가 최소화되는 것이다.

★ 까치들이 허공에 떠 있지 않는 것은 에너지 소모를 최소화하기 위해서다.

?! 천하무적 흰불나방

1957년 미국에서 직수입한 목재에 붙어 들어온
흰불나방은 당시 국내 가로수에 큰 피해를 주었다.
흰불나방이 국내 유입 초기에 그토록
번성할 수 있었던 가장 큰 이유는 무엇일까?

❶ 농약에 강하다

❷ 먹이가 풍부했다

❸ 기후가 안성맞춤이었다

❹ 천적이 없었다

• •   원래는 없었던 생물이 이러저러한 경로로 숨어들어 와서 여봐란듯이 토착화하여 삶을 틀어 나가는 경우가 있다. 이러한 생물을 귀화 생물이라고 한다.

귀화 생물은 그 지역에서는 낯선 생물이기에, 귀화 생물과 연이 닿는 생물이 존재할 수 없다. 다시 말해, 귀화 생물이 터전을 잡은 지역에는 한동안 천적이 있을 수 없으므로 귀화 생물이 자신의 둥지를 온실 속의 수목처럼 편안히 만들어 가는 것이다. 그러다 보면 귀화 생물의 개체 수가 순식간에 증가하게 되고, 마침내는 그 지역의 고유 생태계를 무자비하게 깨뜨려 버리곤 한다.

귀화 생물은 그 지역에 천적이 새로 생겨날 때까지 계속 증가하다 천적이 나타나면 그제야 위풍당당한 기세를 꺾는다.

우리나라에서는 흰불나방 또는 미국흰불나방 을 적절한 예로 들 수 있다. 흰불나방은 6.25 전쟁 직후 미국에서 직수입한 원목에 붙어 들어온 이후 가로수에 막대한 해를 입혔다. 흰불나방은 몸과 날개가 백색인 불나방과의 곤충으로, 알을 무더기로 낳으며 기생하지 못하는 수목이 거의 없을 만큼 번식력이 대단하다.

천적으로는 꽃노린재, 송충알벌, 무늬수중다리좀벌, 긴등기생파리, 검정명주딱정벌레, 혹선두리먼지벌레, 납작선두리먼지벌레, 나방살이납작맵시벌 등이 있다.

★ 흰불나방이 번성한 지역에 한동안 흰불나방의 천적이 없었기 때문이다.

?! 물고기를 잘 잡는 법

•• 　　　　빛은 다른 매질媒質, medium을 통과할 때 꺾인다. 매질은 파동을 전달해 주는 물질이다. 빛이 파동의 특성을 보이면서 다른 매질을 만나 꺾이는 이러한 성질을 빛의 굴절이라고 한다. 빛은 공기가 매질인 동안에는 전진하다 물을 만나면 안쪽으로 꺾이는데 이를 빛의 굴절 현상이라 한다.

그래서 물속의 물체는 실제보다 위에 떠 있는 것처럼 보인다. 예를 들어 다음의 그림처럼, 강물 속의 물고기가 실제로 머물고 있는 위치는 ①인데, 빛의 굴절 현상 때문에 우리 눈에는 ②에 떠 있는 것처럼 보인다.

실제 위치와 눈에 보이는 위치가 상이하니, 작살을 눈에 보이는 위치에 아무리 섬광처럼 내리꽂아도 물고기가 잡힐 리 없다. 보이는 곳보다 아래쪽으로 꺾인 곳을 향해 작살을 찔러야 물고기를 잡을 확률이 높아진다.

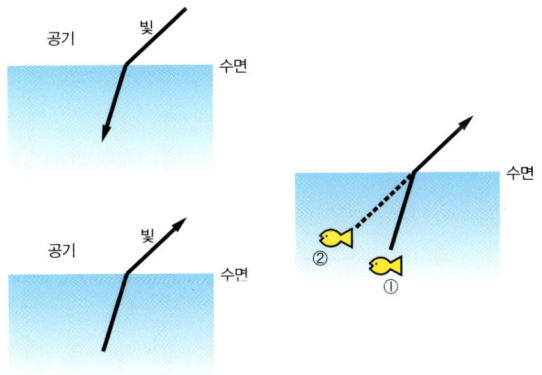

★ 미스터 퐁은 빛의 굴절 현상을 고려하지 않았다.

?! 그 많은 똥은 어디로 갔을까?

•• 　　　자연계에는 생산자와 소비자, 분해자가 있다. 생산자는 태양 광선을 이용해 스스로 에너지를 만들어 내는 생물이다. 풀, 나무 같은 녹색 식물과 식물성 플랑크톤, 광합성 세균 같은 것이 여기에 속한다. 소비자는 이러한 생산자를 먹으면서 생활하는 생물이다. 그리고 분해자는 생산자와 소비자의 사체死體와 배설물을 분해해서 발생한 에너지로 살아가는 미생물이다.

　소비자는 1차 소비자, 2차 소비자, 3차 소비자로 나뉜다. 1차 소비자는 생산자를 먹고 사는 생물이고, 2차 소비자는 1차 소비자를 잡아먹는 개구리 같은 소형 육식 동물, 3차 소비자는 2차 소비자를 잡아먹는 뱀 같은 대형 육식 동물이다. 어항 속 금붕어는 녹색 식물과 식물성 플랑크톤 같은 생산자를 먹고 사는 생물이니 1차 소비자인 셈이다.

　1차 소비자 금붕어가 왕으로 군림하다시피 하는 어항 속에서는 어떤 생태계의 변화가 일어날까?

　물풀과 식물성 플랑크톤은 광합성 작용으로 산소를 만들어 내 어항에 공급한다. 금붕어는 그렇게 생산된 산소로 호흡하고, 생산자를 먹이로 해서 양분을 섭취하며, 이산화탄소와 배설물을 배출한다. 그러면 기다리고 있었다는 듯 어항 속 세균과 곰팡이 들이 빠르게 달려들어 금붕어의 배설물을 분해한다. 분해된 배설물은 다시 물풀에게 공급된다.

★ 금붕어의 배설물은 미생물에 의해 분해된다.

?! 전선 위 참새의 운명

•• 　　　구리 전선에 올라선 참새 두 마리 중에서 왼쪽 참새는 안전하다. 이때 참새의 양발이 도선導線 역할을 하게 되며, 참새 몸통과 구리 전선이 병렬로 연결된다. 그런데 구리 전선은 새의 몸통에 비해 저항이 작다. 저항이 작다는 것은 전류가 잘 흐른다는 뜻이다. 그래서 전류는 거의 일방적으로 구리 전선을 따라서 흐른다. 참새의 몸으로 전류가 흐르지 않으니 참새는 감전을 걱정할 까닭이 없다.

　반면에 전구를 사이에 두고 양쪽 다리를 전선에 걸친 오른쪽 새는 여지없이 감전되어 죽는다. 전구 양단 사이에 전압 차가 생기기 때문이다. 물이 수평 상태에서는 흐르지 않고 높이 차가 있어야 흐르는 것처럼, 전류도 전선 양단에 전압 차이가 생겨야 흐른다. 전압은 전류를 흐르게 하는 힘인 것이다.

　전압 차가 생겼다는 것은 전류가 흐르는 새로운 통로가 났다는 뜻이다. 그래서 전류는 새 쪽으로 흐르게 된다. 다만 새의 몸통으로 얼마만큼의 전류가 흐를지는 새와 전구의 저항에 따라 달라진다. 전구의 저항이 크면 새 쪽으로 전류가 많이 흐르고, 새의 저항이 크면 반대 현상이 나타난다. 하지만 그렇더라도 오른쪽 참새가 전기 충격을 피할 수는 없다.

　물론 실제 상황에서는 구리선이 고무 같은 절연체 전기가 통하지 않는 물체로 감겨 있다. 이를 '피복被覆'이라 한다. 그래서 참새는 전선에 앉아도 괜찮다. 그러나 아무리 피복이 되어 있더라도, 직렬연결이든 병렬연결이든 전선은 위험하니 절대 만져서는 안 된다.

★ 오른쪽 참새만 감전된다.

생활 속에서 건진 창의적 아이디어

: 이산화탄소와 물의 만남, 탄산수

영국 화학자 조지프 프리스틀리 Joseph Priestley, 1733~1804 는 마을의 맥주 양조장을 즐겨 찾았다. 양조장에서는 커다란 나무통에 보리와 효모를 섞어 맥주를 생산했는데, 그때 일어나는 발효 현상이 프리스틀리의 호기심을 몹시 자극한 것이다.

효모는 발효하면서 거품을 풍성히 일으켰다. 그런데 거품은 공기 중으로 날아오르지 못하고 나무통 안에서 둥실 떠다니기만 했다.

"공기보다 무거운 거품이로군."

프리스틀리는 거품에 남다른 흥미를 느끼고 연구해 보기로 마음먹었다. 거품은 두꺼운 데다 공기보다 무거워 채집이 별로 어렵지 않았으나 맛을 보고 냄새를 맡아도 별다른 점이 없었다.

그러던 어느 날, 심하게 갈증을 느껴 물을 찾던 프리스틀리에게 문득 광천수 鑛泉水 가 떠올랐다. 광천수는 칼슘, 마그네슘, 칼륨 등이 미량 포함되어 있는 물로, 흔히 미네랄워터 mineral water 라 불린다.

당시 영국에서는 독일 피르몬트 Pyrmont, 현재의 '바트 피르몬트' 지역에서 나오는 천연 광천수를 수입해 마셨다. 비싸기는 했으나 일어 오르는 거품과 함께 톡 쏘는 맛이 천하일품이었다. 프리스틀리는 광천수의 거품과 맛을 불현듯 떠올린 것이다.

'이걸 물에 타 보면 어떨까?'

프리스틀리는 양조장에서 걷어 온 거품을 물에 조심스럽게 섞었다. 아니나 다를까, 광천수처럼 거품이 이는 물을 만드는 데 성공했다. 맛 또한 값비싼 피르몬트 천연 광천수와 다를 게 없었다.

프리스틀리가 연구한 거품은 다름 아닌 이산화탄소였다. 이처럼 이산화탄소를 물에 녹여 제조한 음료수를 탄산수라고 한다. 탄산수는 이산화탄소의 톡 쏘는 맛에 힘입어 인기가 하늘을 찌를 듯했다.

이렇게 개발된 탄산수는 여러 향료를 섞은 사이다, 콜라와 같은 다양한 형태의 청량음료로 거듭 발전했다.

이것은 이산화탄소의 녹는 성질을 창의적 아이디어에 유용하게 응용한 예다.

이산화탄소 거품

과학지식 파고들기

: 역학적 에너지는 보존된다

앞에서 언급된 모래시계처럼, 지상에서 운동하는 물체는 두 가지 에너지를 동시에 갖는다. 운동 에너지와 위치 에너지다.

운동 에너지는 속도와 관계가 있다. 속도가 빠르면 빠를수록 커지는 에너지다. 반면 위치 에너지는 높이와 관련이 있다. 위치가 높으면 높을수록 증가한다. 운동 에너지와 위치 에너지는 한쪽이 커지면 다른 쪽은 작아지는 반비례 관계인 셈이다.

모래시계의 운동 에너지와 위치 에너지는 모래시계가 움직이는 내내 변한다. 모래시계의 속도와 위치가 시시각각 달라지기 때문이다. 그러나 모래시계의 운동 에너지와 위치 에너지를 더한 에너지는 모래시계가 움직이는 어느 곳에서나, 어느 속도에서나 항상 똑같다.

운동 에너지와 위치 에너지를 더한 에너지를 역학적 에너지라고 한다. 그러니까 모래시계의 운동 에너지와 위치 에너지는 수시로 변해도 역학적 에너지는 늘 일정한 것이다. 이것을 '역학적 에너지 보존 법칙'이라고 한다.

모래시계의 속도가 최대인 곳은 운동 에너지는 최대이고 위치 에너지는 최소인 곳이다. 운동 에너지와 위치 에너지는 반비례하기 때문이다.

모래시계가 그네처럼 운동하는 경우는 속도보다는 위치로 문제를 풀어 나가는 편이 수월하다. 왜냐하면 속도는 어느 부분에서 최대인지 눈에 띄게 드러나지 않지만, 위치는 어느 곳이 가장 낮고 높은지가 확연히 보이기 때문이다.

위치 에너지가 최소인 곳은 어디인가? 그렇다. 가장 낮은 곳이다. 즉 모래시계가 가장 낮게 내려온 가운데 점이다. 모래시계는 이곳에서 위치 에너지가 최소이니 운동 에너지는 최대가 되고 속도도 가장 빨라진다. 가운데 지점에서 모래시계의 속도가 최대이니 이곳에서 모래는 가장 적게 떨어져 가장 낮게 쌓인다.

위치 에너지가 최대인 곳은 어디인가? 그렇다. 가장 높은 곳이다. 즉 모래시계가 가장 높이 오른 양 끝 점이다. 이곳에서 모래시계의 위치 에너지가 최대이니 운동 에너지는 최소가 되고 속도는 가장 느려진다. 양 끝 지점에서 모래시계의 속도가 최소이니 이곳에서 모래는 가장 많이 쌓인다.

모래가 쌓이는 형상이 양 끝에서 가운데로 갈수록 낮아지는 모양이 되는 이유를 이렇게 역학적 에너지를 이용해 알아볼 수 있다.

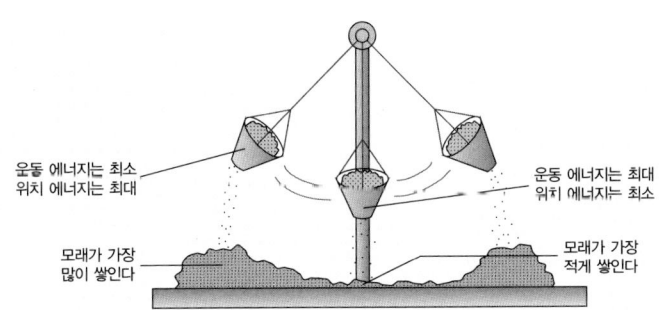

: 원자력 발전을 가능케 한 페르미

엔리코 페르미 Enrico Fermi, 1901~1954 는 알베르트 아인슈타인 Albert Einstein, 1879~1955 이나 갈릴레오 갈릴레이 Galileo Galilei, 1564~1642 만큼 잘 알려져 있지는 않다. 그러나 20세기가 원자력 발전의 시대였고, 21세기에도 대체 에너지로서 원자력 발전의 위세가 더욱 강화될 것이란 점에서 페르미가 우리 사회와 문명에 끼친 영향은 적지 않다.

페르미는 세계 최초로 원자력 발전을 가능케 한 물리학자다. 그래서 페르미를 '원자 물리의 아버지'로 칭송한다.

그는 이탈리아 로마의 보통 가정에서 태어났다. 일찍부터 과학과 수학에 출중했고 기계를 능숙하게 다루었으며 기억력이 비범했다. 1922년 스물한 살의 나이에 물리학 박사 학위를 받을 정도였다. 그때 이미 당시 물리학계의 최대 관심사인 원자물리학에 관심을 두었다. 페르미는 원자가 붕괴하는 과정의 규명에 몰두하며, 방사성 입자의 붕괴 과정을 설명하고 여러 종류의 방사성 원소를 만들어 냈다.

페르미의 탁월한 능력을 인정한 로마 대학은 1926년에 그를 이론 물리학 교수로 영입하며 종신 교수직까지 주었다. 그리고 1929년에는 역대 최연소 왕립 아카데미 회원으로 뽑히는 영예도 안았다.

페르미가 이렇게 승승장구하는 사이, 사회 분위기는 심상치 않은 방향으로 내달리고 있었다. 이탈리아 독재자 무솔리니가 독일의 히

틀러와 동맹을 맺으면서 이탈리아에 서도 반유대주의 운동이 활발히 전개 되기 시작한 것이다. 페르미는 몹시 우려했다. 아내가 유대인이었기 때문 이다. 그래서 이탈리아를 떠나야겠다 고 마음먹게 되는데 때마침 좋은 기 회가 찾아왔다. 1938년의 노벨 물리 학상 수상자로 페르미가 선정된 것이

엔리코 페르미

다. 페르미 일가족은 노벨상 시상식에 참석한 뒤 곧바로 미국 망명 길에 올랐다.

   페르미는 미국에서 핵 관련 연구에 집중했다. 1942년에 시카고 대 학 연구실에서 세계 최초로 핵분열 에너지를 생산하는 데 성공했다. 그 후 원자 폭탄 개발 계획인 '맨해튼 프로젝트'에 주역으로 임했다.

   페르미가 원자물리학에 끼친 업적은 하도 지대해, 그의 이름을 따 서 붙인 성과들이 적잖다. 물리학에서 페르미 통계를 따르는 이론에 어울리는 입자 전자, 양성자, 중성자, 중간자 등를 '페르미온 fermion' 또는 '페르미 입자'라 부르고, 1952년에 발견한 100번째 원소를 '페르뮴 fermium'이라 정했으며, 핵물리학에서 빈번히 사용하는 아주 작은 길 이의 단위를 '페르미'라고 한다. 1페르미는 10^{-15}미터, 즉 1펨토미터와 같다. 그 리고 시카고 근교에 있는 세계적으로 유명한 가속기 연구소의 이름 도 '페르미 연구소 Fermi National Accelerator Laboratory, Fermilab'다.

: 전선, 도선, 에나멜선

전선電線, electric wire은 전기가 잘 통하는 선이다. 구리선은 전류가 잘 흐르니 전선이지만 나무 선은 그렇지 못하니 전선이 아니다.

전선 가운데 피복을 입히지 않은 것을 나선裸線, 고무 같은 절연 물질로 감싼 것을 절연선이라 한다.

구리처럼 전류를 잘 전달하는 물질도체로 이루어진 선을 도선導線, conducting wire이라 한다. 즉 도선은 전선의 나선과 같다고 보면 된다.

에나멜은 일종의 도료塗料로, 전류를 차단하는 좋은 절연 물질인데다 섭씨 1000도 내외의 고온이 되어야 녹기 때문에 전선의 피복제로 널리 사용된다. 이 에나멜로 감싼 전선을 에나멜선enameled wire이라 한다. 즉 에나멜선은 절연 전선이다.

구리선에 피복을 씌운 전선(왼쪽)과 에나멜선

액션, 스릴러, SF…
기상천외한 장면들로
가상의 세계를 맘껏 펼쳐 보이는
영화를 보면 이런 생각이 들어요.
'저게 진짤까?'
'저기선 이렇게 하면 될 텐데…'
과학을 조금만 알면
영화가 더 재밌어져요.

4

미스터 퐁
영화 속으로

나는 엘리베이터가 움직이는 원리를 알고 있다

•• 　　고층 건물에 없어서는 안 될 문명의 이기利器 중의 하나가 엘리베이터다. 자그마치 높이가 381미터인 102층짜리 엠파이어 스테이트 빌딩을 걸어서 올라간다고 생각해 보라. 다리는 중심을 잡기 힘들 정도로 후들거릴 것이고, 심장 박동 수는 기하급수적으로 빨라져 숨이 턱까지 차오를 것이다. 그런 만큼 현대 사회에서 엘리베이터의 유용성은 입이 마르도록 칭찬할 만하다.

　물체는 무게 중심을 기준으로 양쪽의 무게가 다르지 않다면 흔들림 없이 멈춰 서 있다. 바로 이 원리를 응용한 것이 미국의 엘리샤 오티스Elisha Otis, 1811~1861가 발명한 엘리베이터다. 엘리베이터의 역사는 이 장의 끝에 간단히 설명해 놓았다.

　엘리베이터의 한쪽 끝에 평형추를 달고, 엘리베이터의 운동에 맞춰 수직으로 이동시키면 큰 힘을 들이지 않고 상승과 하강을 반복할 수 있다. 예를 들어, 승객을 포함한 엘리베이터의 수용 총질량이 999킬로그램이라고 하자. 이 엘리베이터를 무작정 들어 올리려면 처음부터 999킬로그램 이상의 힘을 들여야 한다. 하지만 미리 999킬로그램짜리 추를 반대쪽에 고정시켜 놓으면 1킬로그램 이하의 힘을 추가하는 것만으로도 평형은 깨지게 되어 엘리베이터를 움직일 수 있다.

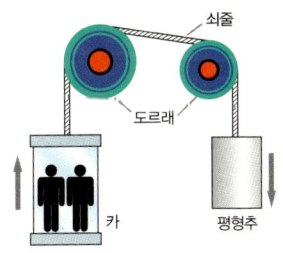

★ 엘리베이터는 평형의 원리를 응용했다.

?! 우리가 알던 고질라는 어디에?

• •　　　물체의 강도는 단면적에 비례하지만 무게는 부피에 비례한다. 그리고 면적은 길이의 제곱에 비례하고, 부피는 길이의 세제곱에 비례한다. 물체의 길이가 두 배 증가하면 표면적은 네 배 커지고 부피는 무려 여덟 배 증가하는 것이다.

　이러한 차이는 물체의 길이가 세 배, 네 배, 다섯 배로 늘수록 더욱 두드러진다. 물체가 커지면 커질수록 무게 증가율이 몸체를 지탱하는 강도의 증가율을 기하급수적으로 웃돌며 그 차이를 더욱 넓혀 가는 것이다. 그래서 코끼리처럼 몸집이 큰 동물일수록 다리도 두꺼운 것이다.

　하지만 길이가 늘어남에 따라 표면적은 제곱으로, 부피는 세제곱으로 커지는 것에서 알 수 있듯이, 두꺼운 다리가 몸체를 버티는 데도 한계가 있을 수밖에 없다. 몸길이가 100미터를 넘으면 그런 한계에 도달하게 된다.

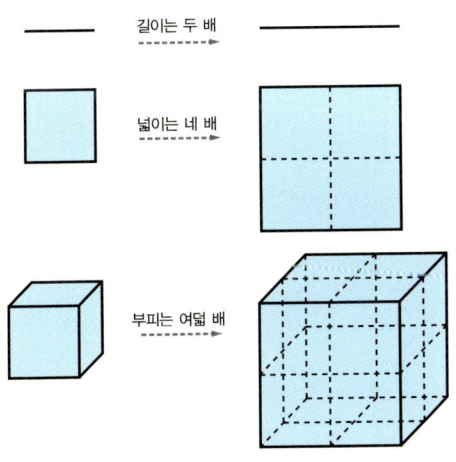

★ 몸체가 클수록 몸무게가 몸의 강도를 더욱 압도하므로 고질라의 다리는 두꺼울 수밖에 없다.

?! 어항이 갈라놓은 新 '로미오와 줄리엣'

• • 　　　지구의 생태계는 생물계와 비생물계로 이루어져 있다. 생물계는 생산자, 소비자, 분해자이고, 비생물계는 빛, 열, 바람, 전기, 소리, 방사선, 중력, 탄소, 질소, 수소, 이산화탄소, 인, 물 등이다. 비생물 요인 가운데서 특히 빛과 온도, 수분이 생물의 활동과 성장에 큰 영향을 미친다.

　어항의 내부는 비생물계와 생물계가 다 어우러진 작은 규모의 생태계다. 물, 모래, 자갈, 공기, 빛 등과 같은 비생물계 요인과 생물체가 영향을 주고받으며 작은 생태계를 구성해 살아가는 곳이다.

　어항 속에는 여러 생명체가 살고 있다. 금붕어를 비롯해 수초, 동물성 플랑크톤, 식물성 플랑크톤, 세균과 곰팡이에 이르기까지 다양하다.

　이들 중 수초나 식물성 플랑크톤은 엽록체를 갖고 있어서 태양광을 이용해 광합성을 한다. 다시 말해 반달말, 장구말, 염주말, 돌말, 별돌말, 클로렐라 같은 녹조류는 운동 기관이 발달하지 않아 자족적 自足的 활동은 못해도, 태양의 복사 에너지를 적절히 이용하고 이산화탄소와 물을 재료 삼아 광합성 활동을 하며 양분을 생산해 내는 것이다.

　어항 속의 물 색깔이 녹색으로 변하는 것은 그러한 광합성 작용으로도 녹조류가 증가했음을 의미한다.

★ 어항 속 녹조류는 광합성을 통해 증가한다.

?! 도망자

∴ 　　　배는 당연히 전진하지 못한다. 왜 그럴까?

 여기에는 뉴턴Isaac Newton, 1642~1727의 제3법칙인 '작용과 반작용'의 원리가 숨어 있다. 작용과 반작용이란, 어떤 행위가 있으면 그에 상응하는 반대의 작용이 나타난다는 것이다. 이때 앞의 행위를 작용, 뒤의 행위를 반작용이라고 한다. 물론 거꾸로 뒤의 행위를 작용, 앞의 행위를 반작용이라고 해도 무방하다. 예를 들면, 문을 발로 차면 이러한 작용에 의해 문이 닫히거나 열리는 동시에, 발 또한 그에 상응하는 반작용의 힘을 반대로 받아 통증을 느낀다.

 강풍기가 뱃머리를 향해 바람을 내보낸다. 이것을 작용이라고 하면 강풍기는 그에 대한 반작용을 자연스레 받아야 한다. 강풍기가 받는 반작용은 내보낸 바람에 역행하는 힘이다. 즉 바람을 앞으로 내보낸 만큼의 힘을 배의 뒤쪽으로도 고스란히 받는 것이다.

 여기서 보면 강풍기에 작용하는 작용과 반작용은 힘의 세기는 같고 방향은 반대다. 두 힘이 반대 방향으로 팽팽히 맞서는 상황이 강풍기에 작용하고 있는 것이다.

 이러한 작용과 반작용의 원리에 의해 배는 전진하지 못한다. 그런데다 이 배에는 돛과 같은 바람막이조차 없어서 강풍기가 뱃머리로 보낸 바람은 그냥 허공으로 날아가 버린다. 그래서 배는 전진은커녕 후퇴하는 것이다.

★ 후퇴는 해도 결코 전진할 수 없다.

뤼팽의 다이아몬드 구출 작전

••   굴착기를 동원해 땅을 파헤치면 어렵지 않게 다이아몬드를 꺼낼 수 있을 것이다. 하지만 뤼팽의 입장에서 보면 떳떳하게 구입한 것이 아니었으니, 동네방네 소문날 만한 그런 식의 방법을 쓸 수는 없다.

그렇다면 조용히 꺼내는 방법을 생각해 봐야 한다. 여기에는 두 가지 방법이 있다. 하나는 팔이나 갈고리를 사용하는 것인데, 구멍이 하도 묘하게 뚫려 있는 상태라 이 방법은 불가능하다.

다른 하나는 다이아몬드를 떠오르게 하는 방법이다.

물체가 뜬다는 건 비중_{동일 부피에 대한 질량의 상대 비율}이 낮다는 것이다. 쇠를 물속에 집어넣으면 가라앉는다. 그것은 쇠의 비중이 물보다 훨씬 크기 때문이다. 그러나 물보다 비중이 작은 스티로폼은 물 위에 거뜬히 뜬다.

즉 비중이 큰 물체 속에 비중이 작은 물체를 넣으면 뜨는 것이다. 따라서 다이아몬드보다 비중이 큰 액체를 구멍 속으로 부으면 다이아몬드가 두둥실 떠오를 것이다. 다이아몬드의 비중은 3.52이다. 물은 비중이 1 정도여서 구멍 속에 부어 봤자 다이아몬드가 떠오르지 않는다. 그러면 다이아몬드보다 비중이 큰 수은을 넣으면 된다. 수은의 비중은 13.6이다.

★ 구멍 속에 수은을 집어넣으면 다이아몬드가 떠올라 꺼낼 수 있다.

쇼생크보다 더 겁나는 산성비

• • 　　　석탄과 석유는 대형 공장이나 발전소에서 즐겨 사용하는 화석 연료다. 이런 연료를 태우면 대표적인 공해 물질인 이산화황 SO_2이 방출된다. 대기 중에 포함된 이산화황은 산성비를 내리는 주원인이다. 이산화황이 빗물에 섞여 지표로 떨어지면 아황산 H_2SO_4으로 변하는데, 이 아황산이 빗물의 산성도를 pH 4까지 끌어내린다. pH는 산성의 세기를 나타내는 '수소 이온 농도 지수'로 7에서 0까지 나타내며 7이 중성이고 0으로 갈수록 강산성이다. 식초의 pH가 3 정도이니 아황산의 위력이 얼마나 대단한지 짐작이 가고도 남는다.

　또 자동차가 배출하는 배기가스에는 일산화질소 NO 와 이산화질소 NO_2 가 다량 들어 있다. 이런 질소 산화물이 빗물에 녹으면 질산 HNO_3으로 바뀌고, 대기 중의 질소 산화물은 이산화황을 황산 H_2SO_4으로 바꾼다. 황산과 질산은 그 세기가 염산 HCl에 견줄 정도로 강하다. 이 성분이 빗물에 섞여 지상으로 내려왔을 때 과연 어떤 현상이 벌어질지는 삼척동자도 알 만하다.

　이산화황, 일산화질소, 이산화질소 등이 많이 섞인 빗물일수록 산성도가 강한데, 이들 분자가 빗방울에 엉키는 비율은 빗방울의 표면적에 비례한다. 반지름의 증가에 따른 표면적과 부피의 비는 제곱과 세제곱으로 커지지 않는가! 이에 대한 설명은 '우리가 알던 고질라는 어디에?'에서 언급했다. 그래서 빗방울은 지름이 클수록 묽을 수밖에 없다. 안개가 빗방울보다 산성도가 강한 이유도 지름이 작기 때문이다.

★ 빗방울의 지름이 작을수록 산성도가 더 강하다.

?! 동굴을 빠져나오는 인디애나 존스

● ● 　　　인디애나 존스가 위험에서 벗어날 수 있을지는 어떤 형태의 수레바퀴를 선택할 것인가에 달려 있다. 고리와 원판, 구는 모두 둥근 형태다. 그래서 세 형태 모두 비탈을 내려올 때 직선 운동과 회전 운동을 동시에 한다.

　구와 원판, 고리가 비탈을 내려오면 애초의 위치 에너지가 운동 에너지로 전환된다. 운동 에너지는 직선 운동 에너지와 회전 운동 에너지의 합인데, 그 비중이 물체의 모양에 따라 다르다. 직선 운동 에너지를 가장 많이 포함하는 물체는 구이고, 다음이 원판이며, 고리가 가장 적다. 이는 질량 중심에 대한 회전 관성에 차이가 있기 때문이다. 이에 대한 자세한 계산은 대학교 수준의 물리학 지식을 요구하는 것이기에 여기서는 다음과 같이 그 비율만 소개한다.

고리와 원판, 구의 직선 운동 및 회전 운동 에너지 비율

물체	직선 운동 에너지의 비율	회전 운동 에너지의 비율
고리	50%	50%
원판	67%	33%
구	71%	29%

　직선 운동 에너지와 회전 운동 에너지 중에서 비탈을 내려오는 데 크게 영향을 미치는 것은 직선 운동 에너지다. 그래서 직선 운동 에너지의 비율이 상대적으로 높은 구형 바퀴가 가장 빨리 내려온다.

★ 바퀴가 구형인 수레를 타고 내려오는 것이 현명하다.

냉동 인간의 필수품

• •　　　　적혈구_{赤血球}는 혈액을 통해 몸속 곳곳에 산소를 운반하는 일을 한다. 인체는 산소 없이는 생명을 유지할 수가 없으므로, 세포가 파괴되어 적혈구가 빠져나가는 것을 막아야 한다.

그런데 냉동 인간처럼 혈액이 얼면 세포막이 파괴되고, 그렇게 되면 적혈구 속의 헤모글로빈이 밖으로 빠져나가는 용혈_{溶血} 현상이 일어난다. 이를 막기 위해선 냉동 인간의 몸에 글리세롤_{glycerol}을 주입해야 한다. 글리세롤은 인체 속 수분이 급격히 어는 것을 방지한다. 마치 자동차 냉각수의 동결을 방지하기 위해 넣는 부동액과 같다. 원래 글리세롤은 음식물 보존에 널리 사용하는 물질로, 색과 냄새가 없고 단맛이 나고 끈기가 있다.

인체의 냉동 보관 과정은 일반적으로 다섯 단계로 이루어진다.

1. 심장이 멎으면 체온을 끌어내려 30분 안에 섭씨 3도 이내가 되도록 한다.
2. 혈액을 제거한다. 이 작업은 대략 12시간 정도 걸린다.
3. 인공 혈액과 글리세롤을 인체에 주입한다.
4. 실리콘 속에서 드라이아이스를 이용해 섭씨 −79도까지 급속 냉동시킨다. 그 밑으로 냉동시키면 인체의 세포 조직이 손상되기 때문에 반드시 섭씨 −79도 이하로 내려가지 않도록 해야 한다.
5. 장기 보존을 위해 인체를 섭씨 −196도의 액제 실소가 담긴 일루미늄 통으로 옮긴다.

★ 글리세롤을 주입하면 인체 속 수분이 급격하게 어는 것을 방지한다.

?! 영화 보기 전에 과식은 NO!

• • 　　　입을 통해 식도로 넘어간 음식물이 가장 먼저 도착하는 곳은 위다. 음식물이 위로 들어오면 일단 위액으로 요리되는데, 이때 물과 알코올, 약 등이 주로 흡수된다.

그런데 과식을 하면 위의 운동이 활발해질 수밖에 없다. 위에는 음식물을 흡수하고 다음 장기가 쉽게 소화할 수 있도록 도와줘야 할 임무가 있기 때문이다.

위의 운동이 활발해지면 그만큼 여러 종류의 소화 효소와 위액^{염산}이 필요하며, 갖가지 소화 효소와 위액을 충분히 분비하려면 그만큼 많은 양의 산소와 영양분이 필요하다. 그래서 다량의 피가 위를 향해 몰려갈 수밖에 없는 것이다. 그 결과 신체 곳곳에 골고루 퍼져야 할 피가 한곳에 집중적으로 몰리게 된다.

체내를 순환하는 피는 일정한 비율로 적당한 장소에 적절히 배분되어야 한다. 그래야 인체가 정상적으로 활동할 수 있다. 그런데 혈액이 위에만 쏠려 있으니 다른 장기와 뇌에 혈액 부족 현상이 뒤따를 것이다. 그렇게 되면 심신이 노곤해지고, 그래서 식곤증이 자연스레 찾아오는 것이다.

★ 혈액이 위로 몰려들면 식곤증이 찾아온다.

?! 3차원 입체 영화를 보려면

• • 　　3차원 영상이 생기는 것은 한 장면을 바라보는 두 눈의 시각 차이가 미세하게 생기기 때문이다.

　사진이나 영화를 볼 때 왼쪽과 오른쪽 눈이 마주하는 장면이 다르면, 대뇌가 입체적 영상을 그리게 되는데 3차원 영상은 이 점을 응용한 것이다. 입체 영화 극장은 일반 영화를 상영하는 극장과는 달리 두 대의 영사기를 동시에 사용한다. 좌우에 배치한 영사기가 다른 방향으로 편광偏光, polarized light된 빛을 방출하는 것이다. 그러면 우리의 눈은 그것을 읽고 입체적 영상을 대뇌에서 합성해 낸다. 빛의 편광 현상은 이 장의 끝에 설명해 놓았다.

　이때 필요한 것이 편광 안경이다. 영사기의 편광 필터와 동일 방향으로 정렬된 편광 안경을 쓰면 멋들어진 3차원 영상을 볼 수 있다. 이때 편광 안경을 착용하지 않고 영상을 보면 상이 겹쳐 흐릿하게 보일 뿐이다.

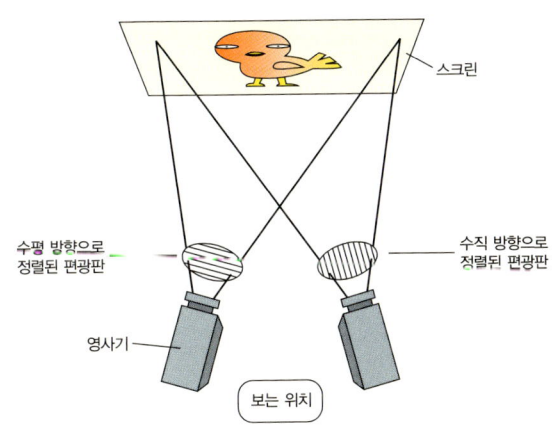

★ 극장의 3차원 영상은 편광의 원리를 적절히 이용한 것이다.

생활 속에서 건진 창의적 아이디어

: 한 경마광의 열정이 낳은 영사기 발명

에드워드 마이브리지Eadweard Muybridge, 1830~1904는 경마광이었다. 얼마나 경마를 좋아하는지 경마 이야기만 나오면 밥 먹는 것도 잊어버릴 정도였다.

하루는 마이브리지가 친구와 담소를 나누고 있었다. 친구 역시 열렬한 경마광이었기에 둘의 대화는 곧바로 말 이야기로 이어졌다.

"나는 달리는 말의 다리만큼 매력적인 것은 없다고 생각해. 한 발짝 내디딜 때마다 불끈불끈 솟아오르는 다리 근육을 보고 있으면, 딱히 뭐라 형언키 어려운 감정이 가슴속에서 마구 솟구쳐 올라와."

친구가 말했다.

"어쩌면 그렇게 내 생각과 일치해?"

마이브리지가 동의했다.

"달리는 말의 다리 하나하나를 자세히 보는 게 내 소원이야. 그런데 현실적으로 그런 기회를 잡는다는 것은 거의 불가능하지. 좋은 방법이 없을까 곰곰이 생각해 봐도 딱히 떠오르지 않아."

친구의 말에 마이브리지는 불현듯 영감이 떠올랐다.

'사진기로 말의 동작을 연이어 찍어 보면 어떨까?'

며칠 뒤 경마장으로 출근한 마이브리지는 말의 모습을 가장 잘 포착할 수 있는 좌석을 골라 앉았다. 그러고는 좌석 주위에 24개나 되는 카메라를 차례로 배치하고 카메라의 셔터마다 줄을 연결했다.

이윽고 경마가 시작되었다. 마이브리지는 말 무리가 자신의 앞으로 지나가려는 순간 끈을 당겼다. 찰칵, 찰칵, 찰칵….

이렇게 해서 순간 포착을 한 24장짜리 말 다리 사진이 완성되었다.

"정말 기가 막히네!"

마이브리지와 친구는 인화한 사진을 놓고 누가 먼저랄 것도 없이 절로 감탄사를 내뱉었다.

이에 힘입은 마이브리지는 그다음에는 1초에 82장을 찍는 데 성공했다. 그러자 새로운 욕심이 생겼다.

"찍은 사진을 실제처럼 생생한 연속 동작으로 볼 수는 없을까?"

이 생각이 바로 영사기를 만드는 창조적 아이디어로 이어졌다.

이것은 잔상 효과를 훌륭히 응용한 창의적 아이디어의 예다.

마이브리지가
1878년 6월 19일 찍은
'달리는 말' 사진

과학지식 파고들기

: 냉동 인간은 어디까지 실현 가능한가

진 秦나라 시황제 始皇帝, 재위 BC 247~210는 중국을 통일하고 만리장성을 쌓는 등 혁혁한 업적을 이루었다. 그는 영원한 삶을 살기 바라며 불로초까지 찾아 나섰으나, 그 역시 죽음 앞에선 미약할 수밖에 없었다.

영원한 삶. 이는 많은 인간의 바람이지만, 아직까지 그 어떤 약초나 의학적 기술도 불로장생을 이뤄 내지 못하고 있다. 그래서 생각해 낸 것이 냉동 인간이다.

냉동 인간 아이디어는 숨을 쉬지 않더라도 세포가 죽지 않는다면 인간을 다시 살아나게 할 수 있다는 이론에 기반을 두고 있다.

불치의 병에 걸린 사람을 냉동 인간 처리하여 보관하면, 세포가 더 이상 노화하지 않은 상태로 보존할 수 있다. 이렇게 냉동 인간을 보관하고 있다가 그의 몸이 갖고 있는 병이 더는 불치병이 아닌 세상이 오면, 그를 냉동 상태에서 깨어나게 해 병을 치료하고 생명을 연장시키자는 것이다.

최초의 냉동 인간은 미국 심리학자 제임스 베드퍼드 James Bedford, 1893~1967다. 암 선고를 받은 베드퍼드는 1967년 73세의 나이로 냉동 인간이 되었고, 그의 암을 치료할 수 있는 때가 되면 영하 196도의 질소 탱크 속에서 그를 꺼낼 예정이다.

미국에는 몇 개의 냉동 인간 회사가 있고, 100여 명 이상의 불치병

환자들이 냉동 인간 상태로 동면 중인 것으로 알려지고 있다.

　간이나 콩팥, 허파 같은 인체 장기를 냉동 보관한 후에 원래의 상태로 되돌리는 것이 불가능한 건 아니다. 문제는 뇌다. 뇌는 인간의 모든 감정과 생각을 지배하고 수많은 기억을 저장하고 있다. 냉동 상태에서 해동된 뇌가 원래의 그런 모든 기능과 기억을 고스란히 회복할 수 있느냐가 관건이다. 그렇지 못하고 껍데기뿐인 뇌만 복원한다면 의미 없는 소생일 뿐이다. 생각하지 못한다면 더 이상 인간일 수 없지 않겠는가!

　아직까지는 냉동 보존한 뇌세포를 완벽하게 되돌릴 수 있는 기술은 없다. 그래서 많은 과학자가 냉동 인간의 소생에 회의적이다.

　하지만 요즘 뇌과학이 일취월장하고 있어 이러한 우려를 조심스럽게나마 괜한 걱정거리로 받아들이는 경향도 있다. 일부에서는 나노과학이 뇌세포 복원을 가능케 해 주리라 기대하기도 한다. 냉동 인간의 환생에 우호적인 생각을 갖고 있는 과학자들은 21세기 중반이면 그것이 현실로 나타날 것으로 기대하고 있다.

냉동 보존 서비스를 제공하는 미국 앨코생명연장재단의 질소 탱크. 냉동 인간 4구와 6개의 뇌를 보존할 수 있다.

: 편광은 빛의 파동성을 보여 준다

빛의 본성은 무엇일까?

이를 두고 많은 물리학자가 오랫동안 격렬하게 논쟁했다. 그 시작은 뉴턴이었다. 뉴턴은 빛이 입자와 같은 알갱이로 이루어져 있을 것이라고 보았다. 빛의 이러한 본성을 빛의 입자성이라고 한다.

반면 빛의 입자성에 반기를 드는 물리학자들이 있었다. 그들은 빛이 파동과 같은 특성을 보인다고 주장했다. 빛의 본성을 파동에서 찾은 것이다. 빛의 이러한 본성을 빛의 파동성이라고 한다.

빛이 활동하는 양상을 분석해 보면, 입자성으로 설명되는 상황도 있고 파동성으로 해석되는 상황도 있다. 그러다 보니 논쟁은 끝을 모르게 이어졌다. 그러다가 논쟁에 결정적인 쐐기를 박는 물리학자가 나타났는데, 바로 제임스 맥스웰James Maxwell, 1831~1879이었다. 맥스웰은 빛이 전자기 현상으로 생기는 파동이라는 것을 도출해 내고, 빛의 속도가 초속 30만 킬로미터라는 사실을 밝혀냈다. 이렇게 해서 빛의 본성은 파동으로 거의 기울어졌다.

그런데 아인슈타인이 나타나 여기에 제동을 걸었다. 아인슈타인은 빛은 입자이기도 하고 파동이기도 하다고 했다. 빛은 입자적인 본성과 파동적인 본성을 다 갖고 있는데, 어떤 때는 입자성이 도드라지고 어떤 때는 파동성이 두드러진다는 생각이었다. 아인슈타인의 주장은 사실로 밝혀졌고, 이 공로를 인정받아 그는 노벨 물리학상을 수상했다.

　그렇다면 편광은 빛의 입자성과 파동성 중 어디에 해당하는 현상일까? 전구를 밝혀 보면 빛이 어느 쪽으로 나갈까? 그렇다. 사방으로 고르게 퍼져 나간다. 빛이 모든 방향으로 진동한다는 얘기다. 사방으로 진동하는 빛 가운데서 한쪽으로만 진동하는 빛이 편광이다.

　나무판자에 가는 틈을 수평하게 여러 개 냈다. 빛이 나무판자로 향하면, 수평 방향으로 진동하는 빛만 나무판자를 통과할 수 있다. 마찬가지로 나무판자에 수직한 틈을 내면, 수직하게 진동하는 빛만 나무판자를 통과할 수 있다. 그리고 수평과 수직으로 틈을 낸 나무판자를 연이어 놓으면, 빛은 나무판자를 통과하지 못한다. 수평 틈을 통과한 빛은 수직 틈에 막히고, 수직 틈을 지난 빛은 수평 틈 앞에서 막힐 테니까. 이것은 빛이 파동처럼 움직인다는 얘기다. 편광 현상은 빛의 파동성을 입증하는 예인 것이다. 빛이 작은 알갱이라면 수평 틈이건 수직 틈이건, 틈만 있으면 어느 것이라도 통과할 수 있을 테니 편광은 빛의 입자성을 보여 주는 예는 아니다.

: 엘리베이터의 역사

고층으로 물체를 옮기는 가장 효율적인 방법은 수직으로 들어 올리는 것이다.

이러한 방식으로 물체를 이동시켜, 과학사의 새로운 장을 처음으로 연 이는 고대 그리스의 아르키메데스 Archimedes, BC 287~212 다. 기원전 236년 그는 도르래에 물체를 매달고 잡아당기면 효율적으로 올라간다는 사실을 발견하면서 엘리베이터 제작의 단초를 마련했다.

프랑스 국왕 루이 15세 Louis XV, 재위 1715~1774 는 노예의 노동력을 이용해 2층으로 오르는 의자를 구상했다. 노예들이 줄을 잡아당기면 반대쪽 의자에 위엄 있게 걸터앉은 루이 15세가 의자를 타고 오르는 것이다.

높이 오르고자 하는 인간의 바람은 이렇게 서서히 달아오르다가 19세기에 들어 새로운 동력원이 등장하면서 빠르게 발전했다.

산업 혁명에 따라 런던에서는 밀집된 도시 환경을 바꿔야 할 필요가 생겼다. 단층용 건물로는 더 이상 산업의 효율성을 기대할 수 없게 된 것이다. 하루가 다르게 2층, 3층 건물이 세워지면서 화물을 수직으로 운송하는 절박성이 대두되었다. 1835년에 증기 기관으로 작동하는 화물용 엘리베이터가 첫선을 보였다. 증기 터빈으로 줄을 감아 엘리베이터를 올리는 방식이었는데, 화물의 무게를 이기지 못하

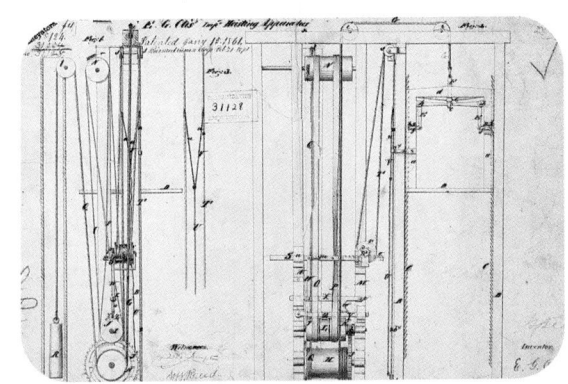

오티스의
1861년 1월 15일자
특허 도면

고 종종 줄이 끊어지는 일이 빈번해 호응은 그다지 크지 않았다.

그 외에 수압을 이용한 방법 등 여러 형태의 엘리베이터가 선을 보이다 1853년에 오티스가 현재와 같은 형태의 엘리베이터를 처음 만들었다. 당시 엘리베이터의 가장 큰 문제점은 줄이 끊어지는 것과 안전이었는데, 오티스가 줄이 끊어져도 안전한 장치를 개발해 내면서 명실상부한 엘리베이터의 일인자가 되었다. 오티스는 1854년의 뉴욕 박람회에서 자신이 탄 엘리베이터를 직접 끊어 보이면서 안전성을 만천하에 입증해 보였다. 오티스는 1861년 자신의 이름을 따 엘리베이터 회사를 설립했다. 아쉽게도 자신의 회사가 1889년에 세계 최초의 전기식 엘리베이터를 시장에 내놓는 것을 보기 전에 세상을 떠났다.

오늘날 세계 최대 엘리베이터 회사로 성장한 오티스사는 줄이 필요 없는 엘리베이터 개발에 혼신의 힘을 쏟고 있다. 이는 레일 위를 떠서 달리는 자기 부상 열차가 수직 운동을 하는 것이라고 보면 된다. 마찰 없이 오르내리기 때문에, 마찰로 인한 에너지의 손실이 없어 소음이 거의 없을 뿐 아니라, 안락한 승차감을 느끼며 분당 1킬로미터에 이르는 초고속으로 이동할 수 있다.

5

버스를 타거나 기차를 탈 때,
배 타고 섬에 가는 길에,
비행기 타고 하늘을 나는 길에,
그 길모퉁이에서도 과학을 만날 수 있어요.
알고는 있지만
부담스러워 못 본 척한다고요?
우리는 언제나 길 위에 서 있을 텐데
이제는 당당히
맞서는 게 어떨까요?

미스터 퐁
길 떠나다

?! 경주용 차는 바퀴가 다르다?

드디어 경주용 자동차를 타 보는구나! 소원을 이뤘어.

어! 무슨 바퀴가 홈도 없이… 너무 밋밋하잖아? 이거 불량 아냐?

퐁아, 경주용 자동차 바퀴는 원래 그래.

• •　　자동차 타이어는 브레이크를 밟거나 코너를 돌 때, 그리고 미끄러운 길에서 접지력을 잃지 않도록 설계한 훌륭한 작품이다.

비가 주룩주룩 내리는 날은 도로의 물기가 얇은 피막을 형성한다. 이 피막이 타이어와 접촉하면 사실상 자동차가 붕 뜬 상태가 된다. 이것을 수막 현상 또는 하이드로플레이닝 hydroplaning 또는 애쿼플레이닝 aquaplaning 이라고 하는데, 이때 운전자는 자동차를 맘대로 제어할 수가 없어 자칫하면 사고로 이어질 수 있다.

물기가 있는 도로에서 자동차가 접지력을 유지하기 위해선 초당 5리터의 물을 방출해야 한다.

젖은 도로를 달릴 수 있게 제작된 웨트wet 타이어는 그루브groove 와 사이프sipe로 이루어져 있다. 그루브는 깊게 팬 홈으로 물을 효과적으로 배출하고, 사이프는 미세한 여러 개의 홈으로 미끄러짐을 방지해 준다.

마른 도로에서는 물기를 걱정할 이유가 없어 홈이 필요 없다. 대신 강력한 접지력이 중요하므로 폭이 넓고 홈이 없는 드라이dry 타이어가 경주용 자동차의 바퀴로 적합하다. 만일 마른 도로를 달리는 경주용 자동차에 웨트 타이어를 장착하게 되면 경주에서 뒤처지게 된다.

★ 바퀴의 홈은 노면의 물기 배출과 관련이 있다.

?! 자동차 기름이 떨어졌을 때

세상의 모든 물질은 각기 고유한 끓는점이 있다. 이는 달리 말하면, 끓는점의 차이로 물질을 분리해 낼 수 있다는 뜻이기도 하다. 원유석유를 이러한 원리에 따라 분리하면 여러 가지 기름을 얻을 수 있다.

검은 황금이라고 부르는 원유 속에는 가솔린휘발유, 등유, 경유, 중유, 아스팔트피치가 들어 있다. 이들의 끓는점은 각기 다르다. 그래서 원유를 증류탑에 넣고 끓이면 끓는점이 낮은 순서대로 기체가 되어 나온다. 이런 식으로 물질을 분리하는 방법을 분별 증류라고 한다.

원유 속 물질의 끓는점은 다음과 같다.

원유 속 물질의 끓는점

구분	끓는점(°C)
가솔린	50~200
등유	150~250
경유	200~350
중유	350 이상
아스팔트	최종 찌꺼기

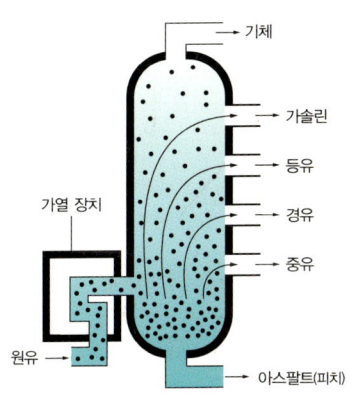

★ 끓는점을 이용하면 원유 속 물질을 분리할 수 있다.

?! 영원히 멈추지 않는 버스

• • 　　　인류는 예전부터 영구 기관에 대한 기대를 버리지 않았다. 그러나 아쉽게도 물리학자들은 영구 기관이 불가능함을 증명했다. 에너지를 계속 주지 않은 채 물체가 영구히 작동하길 바라는 건 자연의 이치에 어긋난다는 사실을 밝힌 것이다.

언뜻 보기에 버스 앞에 자석을 설치하면 자력에 의해 버스가 당겨져 앞으로 나아갈 것 같기도 하다. 하지만 곰곰이 생각해 보면 그렇지 않으리라는 것을 알 수 있다.

자석에서 나오는 자기력으로 버스에는 끌어당기는 힘이 작용한다. 그러나 버스는 자석에 끌려올 수 없다. 버스와 자석을 연결한 파이프 때문이다. 파이프의 강도가 자기력보다 약해 활처럼 굽거나 휜다면 버스가 자석 쪽으로 다가올 수는 있다. 그렇더라도 버스가 자석까지만 다가올 수 있는 것이지 그 이상 나아가는 것은 가능하지 않다. 버스가 자석에 달라붙는 순간, 버스의 움직임은 멈추어 버리기 때문이다. 반면 자석이 다른 차 끝에 매달려 움직이면 사정은 달라져서, 버스는 자기력을 받아 이끌리며 전진한다.

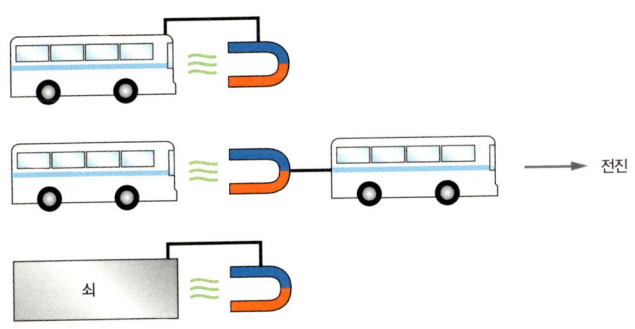

★ 영구 기관은 자연의 이치에 어긋난다.

?! 유조차가 꼬리를 내린 이유

• •　　　　날씨가 쌀쌀해지고 대기가 건조해지면 정전기는 기다렸다는 듯이 우리 곁으로 찾아온다. 옷을 벗거나 입을 때, 자동차 문을 열기 위해 열쇠를 꽂을 때 발생하는 정전기에 깜짝 놀라는 경험은 누구나 있을 것이다.

　이처럼 정전기와 인간의 일상은 떼려야 뗄 수 없는 관계다. 대개의 정전기 현상은 불쾌감을 주는 정도에 그치지만, 상황이 일상의 범주가 아닌 산업 현장으로 옮겨 가면 상상외의 엄청난 피해를 가져올 수 있다. 예를 들어 정전기로 일어나는 스파크는 대형 화재를 불러올 가능성이 아주 높다. 만에 하나 이러저러한 이유로 유조차에 정전기가 발생하면 유조 통을 꽉 채우고 있는 기름에 불이 옮겨 붙을 확률이 높아진다. 유조차 뒤에 금속 체인을 치렁치렁 매달아 놓는 것은 이러한 대형 사고를 미연에 방지하기 위함이다. 이 금속 체인은 건물의 피뢰침과 같은 역할을 한다.

　땅과 접지시켜 건물 꼭대기에 설치한 피뢰침이 땅속으로 전기를 흘러내리게 해 건물이 입을 수 있는 해를 사전에 막는 것처럼, 유조차 꽁무니의 금속 체인이 간혹 발생할 수도 있는 유조차의 정전기를 노면으로 흘려보내는 것이다. 이러한 이유로 꽁무니에 매다는 체인의 재질을 고무와 같은 부도체가 아닌 금속으로 한다.

★ 유조차 뒤의 금속 체인은 정전기를 예방하기 위한 것이다.

기차 바퀴와 빠르기

• • 　　　아이보단 어른의 보폭이 더 넓다. 그래서 같은 걸음걸이라면 보폭이 큰 성인이 목적지에 보다 빨리 도착한다.

　바퀴도 마찬가지다. 같은 회전수라면 작은 바퀴보단 큰 바퀴가 더 멀리 나간다. 큰 바퀴일수록 지름이 길고, 지름이 길수록 바퀴 둘레가 길기 때문이다.

　기관차는 크게 승객을 태우는 기관차와 화물을 싣는 기관차로 나뉜다.

　승객용 기관차에 탄 승객은 보다 빨리 목적지에 도착하고 싶어 한다. 그래서 승객용 기관차는 고속으로 운행하기 위해 지름이 큰 바퀴를 달고 달린다.

　반면 화물용 기관차는 굳이 고속으로 질주할 필요가 없다. 많은 화물을 싣고 나르는 것이 주목적이어서 질주보다는 무게를 지탱하는 것이 중요하다. 그래서 화물용 기관차는 지름이 작은 바퀴를 승객용보다 많이 장착한다.

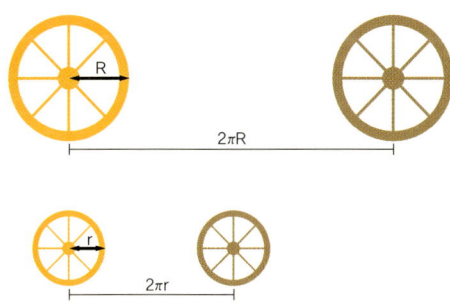

★ 승객용 기관차의 바퀴가 화물용보다 크다.

?! 한강 다리가 군데군데 끊어져 있는 이유

• • 모든 물질은 열에 의한 팽창을 한다. 단지 물질마다 열팽창률이 다를 뿐이다. 예를 들어, 납은 열팽창률이 크고 철·니켈 합금은 열팽창률이 작다. '병뚜껑이 말을 안 들을 때' 참고.

이처럼 모든 물질이 열팽창을 하는 까닭에, 건축물을 설계할 때는 온도 변화에 따른 물질의 팽창 정도를 반드시 고려해야 한다. 그래서 토목 공사를 할 때 팽창률을 십분 생각해서 콘크리트와 철근이 온도 변화로 어긋나지 않도록 적절히 설계를 하는 것이다. 그래야만 겨울철엔 수축하고 여름철엔 팽창하는 비율을 조절해 건물의 이지러짐을 예방할 수 있다.

고속도로나 한강 다리들을 보면 군데군데 연결 부위가 장착되어 있는데, 이 역시 그러한 목적으로 설치한 장치다.

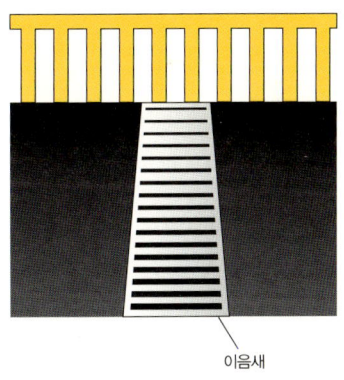

이음새

★ 다리의 이음새는 열팽창을 고려한 것이다.

?! 나란히 경주하는 보트

•• 빠른 속도로 나란히 질주하는 두 보트의 충돌 위험을 해결하는 데는 베르누이의 원리를 이용할 수 있다. 베르누이의 원리는 스위스의 물리학자이면서 수학자인 다니엘 베르누이Daniel Bernoulli, 1700~1782가 1738년에 발표한 원리로 다음과 같다.

"유체의 속력이 증가하면 압력은 감소한다."

유체의 속력과 압력은 반비례한다는 얘기다. 유체流體, fluid란 기체와 액체를 통칭해서 부르는 용어다.

두 보트가 전속력으로 질주하면 그 사이 공간으로는 물살이 보트의 바깥쪽보다 빠르게 흐른다.

물살이 빠르다는 건, 베르누이의 원리에 따르면 압력이 작아진다는 뜻이다. 다시 말해 보트의 바깥쪽보다 보트 사이 공간의 압력이 작아졌다는 의미이다.

바깥쪽 압력이 안쪽보다 강하니 보트는 당연히 안쪽으로 밀리는 힘을 받는다. 따라서 양 보트 사이의 간격은 점점 좁아질 것이다. 그 결과 측면 충돌이라는 매우 불행한 사태까지 빚어질 수 있다.

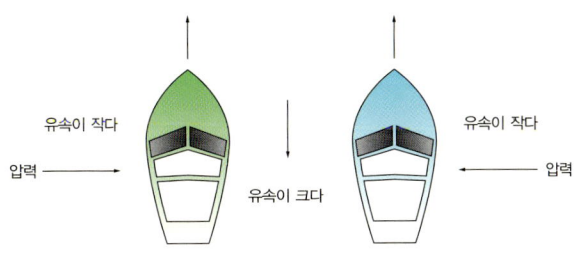

★ 달리는 두 보트는 안쪽과 바깥쪽의 압력 차이로 인해 서로 점차 가까워지게 된다.

?! 폭발한 보트의 파편은 어디로?

앗! 사고다! 구조선 출동시켜! 배가 세 조각으로 날아갔다구! 두 조각은 남쪽과 동쪽으로 날아갔는데 하나는 어디로 갔지?

넵!

겨우 살았다. 근데 난 지금 어디로 날아가는 거냐?

••   물리학에는 여러 보존 법칙이 있다. 그중에 운동량 보존 법칙이 있다. 운동량은 언제나 항상 똑같아야 한다는 것이다.

보트가 폭발하기 전과 후의 운동량은 보존된다. 보트가 폭발하기 전 보트의 운동량은 정지 상태다. 보트가 폭발한 후의 운동량은 폭발하기 전의 운동량과 똑같아야 하므로, 폭발하면서 생긴 세 조각의 파편이 날아간 방향을 모두 합하면 정지한 상태가 되어야 한다.

두 파편이 날아간 방향은 남쪽과 동쪽이다. 이 방향을 합하면 남동쪽이 된다.

따라서 다른 또 하나의 파편은 남동쪽과 반대 방향으로 날아갔을 것이다. 그래야 전체적으로 보트의 운동량이 정지한 상태로 보존될 수가 있기 때문이다. 즉 나머지 파편은 북서쪽으로 날아갔다.

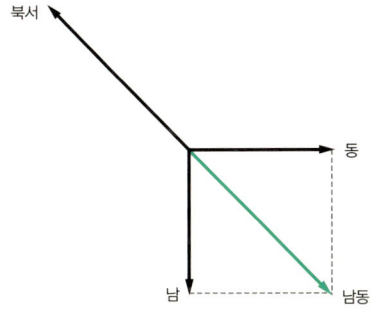

★ 운동량 보존 법칙에 따라 파편이 북서쪽으로 날아갔음을 알 수 있다.

?! 날아가는 비행기가 저기압인 이유

● ● 　　　1만 미터 상공의 대기압은 지상의 기압1기압보다 0.74기압 정도 낮은 0.26기압이다.

　이는 바깥 공기가 비행기를 짓누르는 힘이 그만큼 약해진다는 의미다. 그렇다면 비행기 내부의 압력을 굳이 1기압으로 맞출 필요는 없을 테다.

　외부 압력이 낮아진 상황에서도 비행기 내부의 압력을 계속 높이려면 강한 금속으로 동체를 제작해야 한다. 기체 내부의 공기 입자는 고무풍선이 부풀어 오르듯 바동거리며 탈출하려고 할 텐데, 그것을 막으려면 그 힘을 버텨 낼 수 있는 두꺼운 금속으로 된 동체가 필요하기 때문이다.

　그래서 비행기 내부 압력을 1만 미터 상공에서 0.89기압 정도로 내리는 것이다. 그렇게 하면 압력 차로 인해 기체가 파열될 위험도 줄고, 동체 외벽의 금속도 얇고 가벼운 것을 쓸 수 있으니 경제적으로도 효율적이다. 동체의 무게가 그만큼 줄었으니 날기도 한층 쉬워지고 에너지 소모율도 감소할 것이다.

　0.89기압은 대략 1천 미터 상공의 기압과 엇비슷한 값으로, 인체에 큰 지장이 없는 수준이다. 그러나 기압이 더 내려가서 0.7기압까지 떨어지면 위험한 수준이 된다. 그때를 대비해 비행기에는 산소마스크가 마련되어 있다.

★ 비행기는 동체 파손 방지와 경제적 이득을 위해 내부 기압을 1기압 이하로 떨어뜨린다.

비행기 안에서 둥둥 떠다니고 싶을 땐

•• 　　　자유 낙하하는 물체의 내부는 무중력 상태가 된다. 이것은 다음과 같은 원리에 기인한다.

'비행기가 곤두박질치듯 지상으로 자유 낙하하면 그 내부의 물체 또한 비행기와 같은 빠르기로 떨어진다.'

지구상의 모든 물체가 가볍고 무거움에 상관없이 동일한 중력 가속도를 받아 낙하하기 때문이다.

좀 더 구체적인 예를 들어 생각해 보자.

비행기 안에서 한 승객이 손에 쥐고 있던 500원짜리 동전을 놓았다. 지상에서라면 동전은 당연히 비행기 바닥에 툭 떨어질 것이다. 하지만 비행기가 자유 낙하하면 동전은 비행기와 똑같은 가속도를 받아서 하강하므로, 결코 바닥에 닿을 수 없다. 비행기가 땅바닥과 충돌하기 전까지는 말이다.

동전뿐 아니라 항공기 내부의 모든 물체가 바닥을 밟지 못하고 붕 떠 있는 상태에 있는 이 상황이 바로 무중력 상태가 아니고 무엇이겠는가.

우주인이 되기 위해선 수많은 훈련을 받는데, 여기에는 수직으로 상승했다가 엔진을 끄고 땅으로 내리꽂히듯 자유 낙하하는 비행기 안에서 무중력을 경험하는 적응 훈련이 포함돼 있다.

★ 비행기가 자유 낙하하면 내부는 무중력 상태가 된다.

생활 속에서 건진 창의적 아이디어

: 자전거와 자동차의 절묘한 결합, 오토바이

오늘날 세계적인 자동차 회사로 성장한 다임러벤츠Daimler-Benz의 창업자 고틀리에프 다임러Gottlieb Daimler, 1834~1900. 원래 그의 집안은 독일의 작은 도시 쇼른도르프에서 4대째 작은 빵집을 운영했다.

다임러의 아버지는 아들이 가업을 그대로 잇기를 바랐다. 그러나 다임러의 꿈은 다른 데 있었다.

"부자가 되고 싶어. 빵집을 해서는 결코 그 소망을 이룰 수 없어."

다임러는 아버지의 뜻과는 거리가 먼 꿈을 무럭무럭 키워 갔다.

"나는 기계 만지는 일이 좋아."

다임러는 친구와 공동 작업실에서 함께 일했다. 두 사람은 서로 격려하고 때로는 경쟁하면서 기계를 열심히 연구해 나갔다.

그렇게 연구에 매달린 지 1년쯤 지난 1885년이었다. 다임러가 드디어 새로운 종류의 엔진을 개발하는 데 성공했다.

다임러의 엔진은 석탄 대신 석유를 사용하는 엔진으로, 내연 기관의 크기를 줄일 수 있었을 뿐 아니라 점화력도 높일 수 있는, 당시로서는 혁신적인 것이었다.

"이 엔진을 어느 기계에 장착하는 게 좋을까?"

다임러는 고민에 고민을 거듭했다. 그러나 딱히 좋은 아이디어가 떠오르지 않았다.

 하루는 다임러가 골똘히 생각에 잠겨 도로를 걷고 있는데 그 앞으로 따르릉따르릉 소리를 내며 한 무리의 자전거 부대가 지나갔다.

 "맞아, 바로 저거야! 자전거에 엔진을 다는 거야. 그러면 자동차보다 훨씬 빠른 속도로 달릴 수 있을 거야. 게다가 자동차는 엄두도 못 낼 좁은 길도 어렵지 않게 지나갈 수도 있을 거야."

 다임러는 자신이 개발한 새 엔진을 이륜차에 장착하는 발상의 전환을 이끌어 낸 것이다. 이렇게 해서 세계 최초로 가솔린 엔진을 장착한 오토바이가 세상에 나오게 되었다.

 이것은 자전거와 내연 기관의 합작품이 창의적 아이디어로 기발하게 이어진 예다.

메르세데스벤츠 박물관에
전시되어 있는
세계 최초의 오토바이
라이트바겐(Reitwagen)의 모형

과학지식 파고들기

: 타이어와 트레드 패턴

타이어의 발달 ● 19세기에 들어 바퀴의 역사에 한 획을 긋는 사건이 일어났다. 나무나 쇠로 된 바퀴 일색이었던 바퀴 시장에 타이어 바퀴가 등장한 것이다. 1839년 미국의 찰스 굿이어 Charles Goodyear, 1800~1860가 고무를 바퀴에 처음으로 적용했다. 다만 이것은 나무나 쇠로 된 바퀴에 속이 꽉 찬 고무 타이어를 덧씌운 것에 그쳐 아쉬움을 남겼다. 요즘 같은 공기를 주입한 형태의 바퀴는 1888년 영국 수의사인 존 던롭 John Dunlop, 1840~1921이 개발했다.

던롭은 자전거를 타고 들어오는 아들을 볼 때면 늘 가슴이 아팠다. 자신의 아들이 속이 꽉 찬 딱딱한 고무바퀴 자전거를 타고 놀다 다친 채로 들어오는 일이 비일비재했기 때문이다. 그러던 어느 날 아들이 갖고 놀다가 바람이 빠진 축구공이 던롭의 눈에 들어왔다. 그 순간 던롭의 뇌리로 섬광처럼 생각 하나가 스치고 지나갔다. 던롭은 고무호스로 자전거 바퀴 테두리를 감고 바람을 집어넣고 타 보았다. 승차감은 이전과 비교가 되지 않았고 속도도 빨라졌다. 타이어 속 공기가 완충 작용을 한 까닭이었다. 이렇게 해서 공기를 주입한 현대식 타이어가 세상에 나오게 되었다. 그 이전까지 딱딱한 바퀴에 익숙해 있던 사람들에게 던롭의 고무 타이어는 가히 혁명이었다.

1904년까지는 타이어의 색이 요즘처럼 검지 않았다. 타이어가 검

천연고무는 왼쪽 사진과 같이 하얗다. 여기에 탄소를 섞어 검어진 이래 타이어는 줄곧 검은색을 띠었다.

은색이 아니라니! 상상이 가는가? 그런데 알고 보면 지금처럼 타이어가 검다는 것이 더 이상한 일이다. 타이어의 재질은 고무인데, 천연고무는 검지 않고 희니, 고무 타이어라면 희어야 하는 게 당연하잖은가. 그런데 타이어가 검다는 건 천연고무에 무엇인가를 섞었다는 뜻이다. 그것은 바로 탄소 가루다. 이는 천연고무의 강도를 높이기 위한 것이다. 그래서 천연고무에 탄소를 섞은 카본 블랙 타이어가 등장하면서 타이어는 줄곧 검은색을 띠게 되었다. 어차피 지면과 마찰하면 검어질 터이니, 하얗다가 검어지는 것보다 애초부터 검은 것이 미관상으로도 낫다.

이후 둥글고 매끄러운 타이어보다 다양한 홈을 판 타이어가 운전 시 여러모로 이롭다는 사실을 알게 되었다. 그래서 타이어 표면에 요철 오목하고 볼록함 무늬를 다양하게 넣어 미끄럼 방지, 구동력, 가속, 물 빠짐, 눈길 주행, 방향 유지성, 충격 완화, 제동력 등 여러 이점을 갖춘 다양한 제품이 선보이게 되었다.

트레드 패턴　　● 자동차 타이어의 가장 바깥 부분을 트레드tread라 하는데, 이 부분의 표면을 보면 예외 없이 요철 무늬가 규칙적으로 나 있다. 타이어의 진행 방향에 수직하게 파인 가로무늬, 타이어의 진행 방향에 평행하게 파인 세로무늬, 가로와 세로무늬가 한데 어우러진 복합 무늬 등 그 형태가 날로 새로워지고 있다.

타이어에 홈이 파인 이런 모양을 트레드 패턴tread pattern이라고 한다. 크게 리브rib, 러그lug, 블록block의 세 가지 종류가 있다.

리브는 타이어의 진행 방향에 평행하게 파인 홈 세로무늬으로, 바퀴의 회전이 부드럽고 방향을 유지하기가 쉽다.

러그는 타이어의 회전 방향에 수직하게 파인 홈이다. 이러한 형태로 무늬를 파면, 구동력과 견인력이 우수하므로 노면이 고르지 못한 지형에 제격이다.

블록은 리브와 러그 형태를 적절히 조합한 것이다. 이러한 형태로 무늬를 파면, 마찰이 우수해져 눈길 같은 데서 바퀴가 헛돌지 않는다.

리브

러그

블록

트레드 패턴

인류의 오랜 꿈, 영구 기관

예부터 인류는 이런 꿈을 꾸었다.

"열을 한 번만 주면 더 이상의 에너지 공급 없이 항구적으로 운동하는 기계를 만들 수는 없을까?"

이러한 기계를 영구 기관이라고 한다.

이러한 장치를 만들 수 있다면, 인류는 더는 에너지 문제를 고민하거나 걱정할 필요가 없다. 특히 천정부지로 가격이 치솟은 석유를 울며 겨자 먹기 식으로 수입해 와야 하는 우리나라 같은 처지의 국가에게는 더없는 기쁨일 것이다.

영구 기관에 대한 바람이 가장 왕성했던 때는 16~18세기의 유럽이었다. 다음의 영구 기관은 그 당시에 고안한 것으로, 좌우의 각도가 다른 비탈에 질량이 같은 구슬을 꿴 사슬을 걸쳐 놓았다. 얼핏 보기에 사슬이 왼쪽으로 쏠리면서 비탈을 내려갈 듯싶다. 비탈에 걸쳐 있는 왼쪽 구슬의 수가 오른쪽보다 많기 때문이다. 그뿐 아니라 운동을 시작한 사슬은 계속해서 돌 것만 같다.

하지만 이건 상상일 뿐이다.

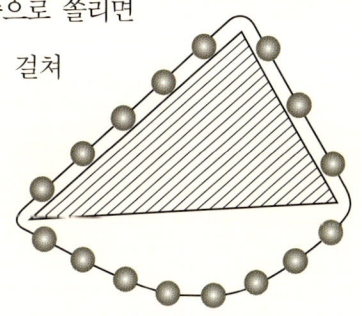

16~18세기 유럽에서 고안된 영구 기관

사슬은 움직이기는커녕 제자리에 멈추어 있다. 영구 기관을 제작하는 것은 가능하지 않다.

영구 기관은 제1종과 제2종으로 분류한다. 제1종 영구 기관은 이렇게 정의한다.

"더 이상의 에너지를 공급하지 않아도 끊임없이 일을 계속할 수 있는 장치."

앞과 같이 사슬을 걸쳐 놓은 장치가 제1종 영구 기관이다.

제2종 영구 기관은 제1종 영구 기관보다 한 단계 발전된 장치다.

"열을 자유롭게 얻고, 그 열을 낭비 없이 일로 바꿀 수 있는 장치."

공기에서 에너지를 마음껏 얻어 무한정 질주하는 자동차, 바닷물에서 에너지를 끊임없이 얻으며 항구히 바다를 누비는 선박과 같은 장치가 제2종 영구 기관이다.

햇살 가득 받으며 하늘 아래 누워 보세요.
테두리 없는 자연의 무한한 신비가
모두 내 것이 된 듯 해왕이 된 기분이 든답니다.
별, 바람, 나무, 해, 돌…
어느 것 하나 신비롭지 않은 것 없는 자연,
그 자연에 다가갈 때
과학이 다리가 될 수 있어요.

6

미스터 풍
자연이 좋아

?! 숲에 가면 살맛이 난다, 왜?

• ● 　　피톤치드는 모든 나무가 다 방출하지만, 그중에서도 소나무나 잣나무 같은 침엽수가 더욱 강하게 내놓는다.

피톤치드는 '송편의 보디가드, 솔잎'에서 알아보았듯이, 살균과 살충 기능을 할 뿐 아니라 인체에도 더없이 이롭다.

피톤치드에는 $C_{10}H_{16}$, $C_{16}H_{24}$, $C_{24}H_{32}$와 같은 다양한 화학 성분이 복합적으로 들어 있다. 화학적으로 테르펜terpene이라고 부르는 이 성분들은 진정, 살충, 진통, 항생, 구충 작용에다 혈압을 떨어뜨리는 효과까지 있다.

테르펜은 인체 속에서 자율 신경을 적절히 자극하여 감정을 안정시키고 내분비를 촉진하며 감각기를 조절하고 정신을 차분히 집중시킨다. 그래서 피톤치드 속의 테르펜을 가리켜 '숲 속의 보양'이라고 한다.

최근 밝혀진 사실에 따르면, 테르펜은 동물의 스트레스와 밀접한 연관이 있는 코르티솔cortisol의 농도를 낮추는 효과가 탁월하다.

★ 침엽수는 다른 나무들보다 피톤치드를 더 강하게 발산한다.

?! 별들의 잔치는 언제 시작되나?

•• 유성이 비처럼 쏟아지는 유성우流星雨는 새벽녘에 더 쉽게 관측할 수 있다. 이는 지구의 운동 자전 운동에 의한 유성의 위치와 밀접한 연관이 있다.

유성은 태양의 인력에 이끌려 지구와 태양 사이의 공간을 헤집고 들어온다. 이때 저녁에서 자정 쪽으로 가는 위치에 있는 관측자는 지구 자전 방향에 따라 유성에서 멀어지는 중이다. 그만큼 지구로 떨어지는 유성우를 관측할 확률이 줄어든다.

반면, 자정에서 새벽으로 가는 위치의 관측자는 유성에 가까이 다가가는 셈이다. 이러한 장소에 있는 관측자는 지구로 낙하하는 유성우를 마주할 확률이 그만큼 높아진다.

따라서 미스터 퐁이 저녁에 기다렸다면 어쩌면 유성을 아예 관찰하지 못했을 수도 있다.

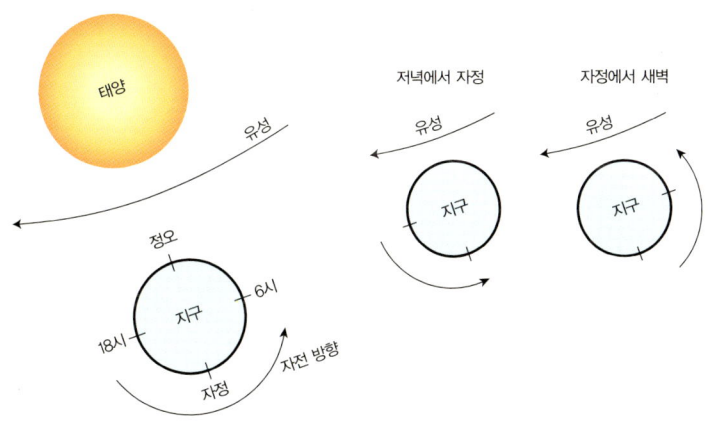

★ 유성은 새벽에 더 많이 떨어진다.

?! 천체 망원경의 슬픈 사연

갈릴레이식 망원경은 상이 정립상똑바로 선 상이지만, 시야가 좁아 오페라글라스공연장에서 무대를 보기 위해 사용하는 작은 쌍안경 등으로 쓰인다. 그 결점을 보완해 시야를 넓힌 것이 케플러식 망원경이다.

케플러식 망원경은 대물렌즈물체에 가까운 쪽의 렌즈와 접안렌즈눈으로 보는 쪽의 렌즈를 모두 볼록 렌즈로 사용하여 상이 도립상거꾸로 선 상이지만, 배율이 높은 장점이 있다. 지상에서 사용하기엔 도립상이 불편할지 몰라도 천체용으론 문제 되지 않는다. 별은 거꾸로 보이나 똑바로 보이나 그게 그것이기 때문이다. 그래서 케플러식 망원경에 볼록 렌즈를 추가하면 정립상을 얻을 수 있는데도 굳이 그렇게 하지 않는다.

망원경의 배율대물렌즈의 초점 거리를 접안렌즈의 초점 거리로 나눈 값을 높이기 위해선 대물렌즈의 초점 거리를 길게 해야, 즉 통의 길이를 늘려야 하는데 그렇게 하는 데도 한계가 있다. 그리고 초점 거리가 짧은 접안렌즈를 사용해도 배율을 높일 수 있지만, 그러면 빛이 꺾이는 각도가 커져 색 수차가 심해진다. 색 수차란 렌즈를 통과한 태양광이 한곳에 모이지 못하고 색에 따라 상을 맺는 위치가 조금씩 달라지는 현상이다.

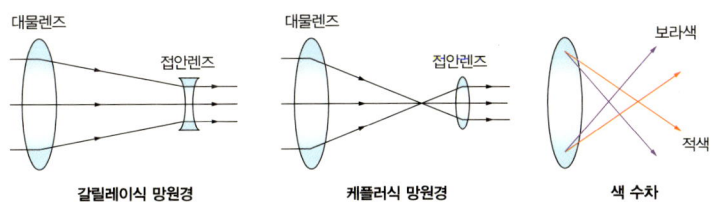

★ 굴절 망원경은 배율을 높이는 데 한계가 있다.

멀리, 더 멀리 보고 싶다

•• 　　　케플러식 굴절 망원경의 단점 '천체 망원경의 슬픈 사연' 참조
은 반사 망원경이 나타남으로써 완벽하게 해결되었다.

이것의 결정적 단초를 마련한 인물은 고전물리학의 완성자인 뉴턴이었다. 뉴턴은 굴절 망원경의 골칫거리였던 대물렌즈를 거울로 대치하여 반사 망원경을 제작했다. 반사 망원경에 사용하는 거울은 포물 오목형이다.

대물렌즈로서의 포물 오목형 거울은 빛을 반사해 보내 주기만 하면 된다. 볼록 렌즈처럼 빛을 모을 필요가 없어 색 수차를 걱정할 필요가 없다. 또 크기를 넓히는 데 볼록 렌즈보다 여유가 있어서, 렌즈 끝이 깨지는 것을 우려할 필요가 없다. 세계 곳곳의 대형 천체 망원경은 거의가 반사 망원경이다.

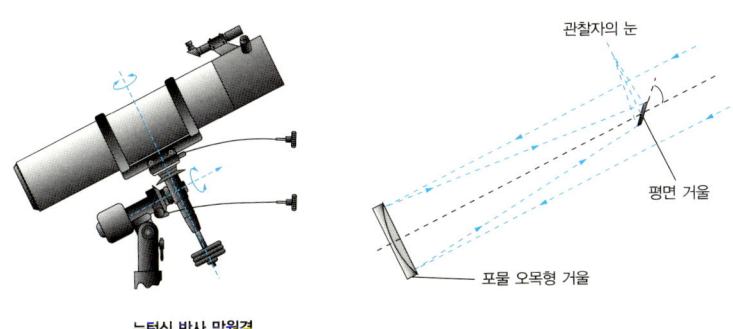

뉴턴식 반사 망원경

★ 뉴턴식 반사 망원경은 대물렌즈를 포물 오목형 거울로 대체했다.

?! 조선 시대 자명종

　　　　　세종은 자동 시보 장치가 달린 물시계를 제작하는 것이 염원이었다. 이를 위해 동래현의 관노로 있던 장영실을 특별 중용하고 상의원 별좌라는 관직을 주어 중국에 파견했다. 중국에서 신기술을 배워 온 장영실은 천문학자 김빈과 함께 2년여 동안의 부단한 연구 끝에 세종 16년 1434 마침내 세종의 염원을 현실화했다. 자격루라는 이름이 붙은 이 물시계는 경복궁 남쪽의 보루각에 설치했고, 그해 7월 1일부터 공식적으로 사용했다. 그 원리는 이렇다.

　수수 통에는 1시에서 12시까지를 표시하는 12개의 틀이 있는데, 각각의 틀 속에는 자그마한 쇠 구슬이 들어갈 만한 구멍이 일정한 넓이로 뚫려 있다. 규칙적으로 낙하하는 물이 수수 통에 차오르면 부전은 상승하고, 부전 끝에 매달린 화살촉이 수수 통 옆 틀에 닿으면서 쇠 구슬을 친다. 그러면 쇠 구슬이 그림과 같은 일련의 장치들을 작동시켜 마침내 인형을 움직여 매시간 종을 울리는 것이다.

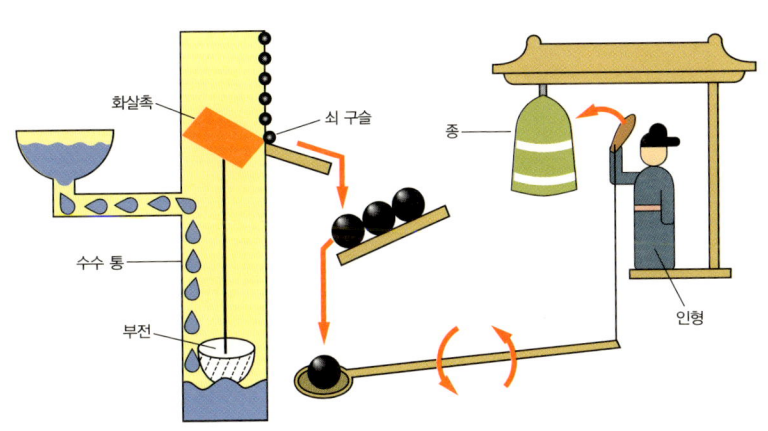

★ 자격루는 수압과 부력의 원리에 따라 자동으로 시각을 알렸다.

?! 비닐하우스 방화범을 잡아라

• • 　　비닐하우스에 빗물이 고이면 볼록 렌즈의 모양이 된다. 위쪽은 평평하지만 비닐하우스를 내리누르고 있는 아래쪽은 쑥 튀어나온 볼록 렌즈 형상을 하는 것이다.

　볼록 렌즈는 수평으로 직진한 빛을 안쪽으로 굴절시켜 빛을 초점에 모은다. 빗물이 고인 비닐하우스가 볼록 렌즈 모양이 되면 이 원리가 그대로 적용된다. 비닐하우스로 쏟아져 내린 햇살이 고인 빗물에 굴절하고 비닐하우스 내부로 들어가면서 초점이 맞춰지는 것이다. 그때 초점의 위치에 불이 붙기 쉬운 인화 물질이 모여 있으면 화재가 발생한다.

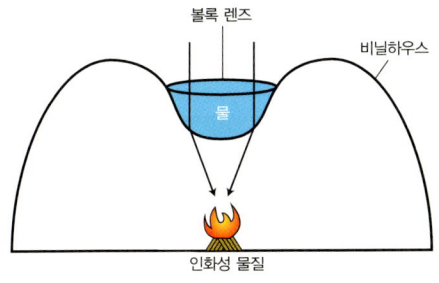

★ 비닐하우스에 괸 빗물이 렌즈 역할을 해 빛을 한곳으로 모은 것이다.

?! 태풍이 불 때 바닷물의 흐름은?

• • 　　태풍이 만들어지는 중심부에는 무시무시한 회전력이 일고 있다. 이러한 힘이 원심력으로 작용해 바깥으로 뻗어 나가려고 한다. 그래서 바닷물의 수위가 중심부에서는 가라앉고 바깥쪽으로 갈수록 드높아지는 것이다. 그래서 태풍이 일 때는 바깥쪽 바닷물 수위가 중심부보다 높아진다.

　무거울수록 내리누르는 압력은 강해진다. 수압도 마찬가지다. 물이 많을수록 수압도 강해진다. 그렇다면 바닷물이 내리누르는 수압은 바깥쪽이 강할 수밖에 없다. 즉 태풍이 불 때의 수압은 중심부로 갈수록 감소한다.

　바깥쪽 수압이 강하니 바닷물은 당연히 그쪽에서 더욱 강한 힘을 받아서 눌린다. 이 때문에 바닷물은 바깥쪽에서는 내려가고 중심부에서는 모아져 솟아오르는 흐름이 된다.

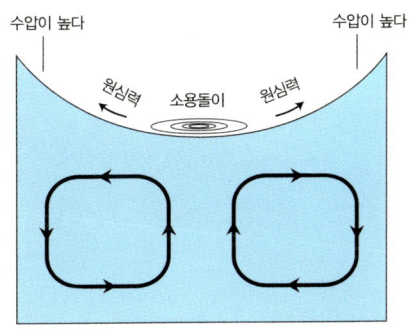

★ 태풍의 중심에서 바닷물은 아래로부터 모아져 솟아오르는 흐름을 보인다.

?! 흑연이 다이아몬드가 된 이야기

•• 　　일상에선 상상하기 힘든 고온·고압하에서 흑연은 다이아몬드로 화려하게 변신한다.

인류에게 다이아몬드의 합성은 돌덩이를 황금으로 만들려는 꿈만큼이나 오랜 숙원이었다. 인류가 그 첫 개가를 올린 것은 1953년 2월 16일의 일이다. 스웨덴 전기 회사 ASEA의 연구실에서는 8만 3000기압을 유지한 채 온도를 높여 흑연을 한 시간가량 실험 기기 안에 넣어 두었다. 그랬더니 천연 다이아몬드와 구별하기 어려운 멋진 합성 다이아몬드가 만들어졌다. 인류의 오랜 욕망 중 하나가 현실로 이루어진 순간이었다. 그런데 안타까운 일이 벌어졌다. 무슨 연유였는지 ASEA는 그 놀라운 쾌거를 공식적으로 발표하지 않았을 뿐 아니라 특허 신청조차 내지 않았다.

그래서 그들의 위대한 업적은 공인받지 못했고, 그 영광은 미국 회사 제너럴일렉트릭으로 넘어갔다. 제너럴일렉트릭은 5만 기압, 섭씨 1250도라는 고압, 고온 상태에서 탄소 가루를 16시간 동안 반응시킨 결과 두 개의 작은 다이아몬드를 합성해 냈다.

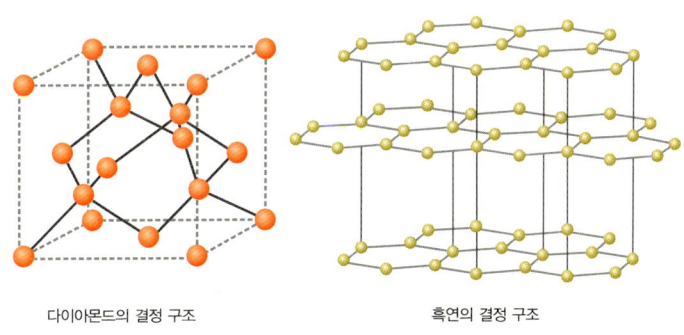

다이아몬드의 결정 구조　　　　흑연의 결정 구조

★ 인공 다이아몬드의 합성은 고온·고압에서 가능하다.

?! 타임머신을 타고 온 산호 화석

수온이 0도 안팎인
깊고 탁한 바다

수온이 25도 안팎인
얕고 맑은 바다

기온이 높고
습기가 많은 육지

기온이 낮고 습기가 적은 육지

눈바람이 강하게 부는 고산 지대

•• 　　　지층에 남아 있는 생물의 유해나 흔적을 통틀어서 화석이라고 한다. 화석은 지구 역사를 연구하는 데 결정적인 단서를 제공해 주는 중요한 자료다.

화석은 고생물이 살던 당시의 환경을 말해 주는 시상화석과, 특정 시대의 지층에만 속해 있는 표준 화석으로 나뉜다. 그래서 시상화석으로는 고생물이 퇴적될 당시의 지역적 환경을, 표준 화석으로는 지층이 생성된 시대를 추측할 수 있다.

대표적인 시상화석으로는 산호와 고사리가 있다.

산호는 수온이 섭씨 25도 안팎인 깨끗하고 얕은 바다에서, 고사리는 기온이 높고 습윤한 곳에서 서식한다.

각 지질 시대를 대표하는 표준 화석에는 다음과 같은 것들이 있다.

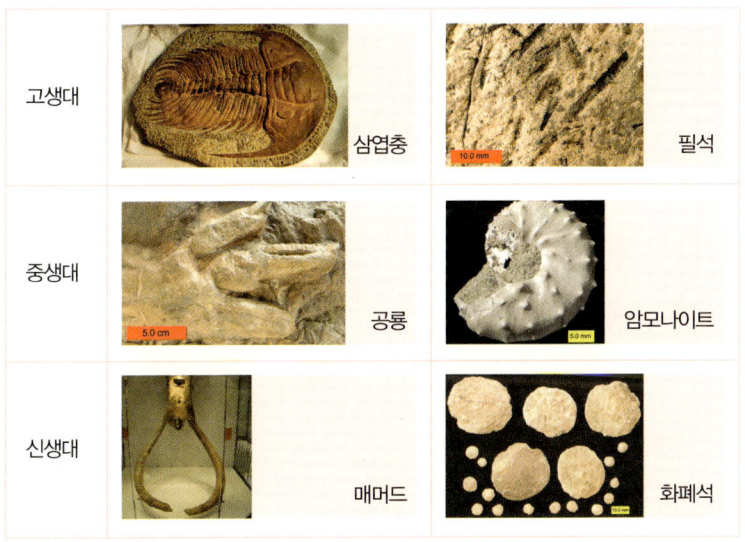

고생대	삼엽충	필석
중생대	공룡	암모나이트
신생대	매머드	화폐석

★ 화석은 고생물이 퇴적될 당시의 환경이나, 지층이 생성된 시대를 알려 준다.

?! 선사 유물의 연대를 추적하라!

•• 　　　방사성 원소의 붕괴율은 어떠한 조건에서도 일정하게 유지된다. 적도이건 극지방이건, 바닷속이건 지표이건, 산 정상이건 지하이건, 사막이건 아스팔트이건 변하지 않는다. 다시 말해 고온이든 저온이든, 고압이든 저압이든 전혀 영향을 받지 않는다.

그래서 동일한 암석이라면 지하 깊숙한 곳에서 굉장한 열과 압력을 받아 형성된 것이든 지표에서 발견한 것이든 그 속에 든 방사성 원소의 붕괴율을 측정하면 동일한 값이 나온다.

방사성 물질은 이러한 고유의 특성을 지니고 있기 때문에 고고학적 사건의 연대를 밝히는 데 유용하게 쓰인다.

미국 물리화학자 윌러드 리비 Willard Libby, 1908~1980 는 방사성 원소의 이러한 성질을 십분 이용해 연대 측정의 새로운 장을 열었고 이 공로로 1960년 노벨 화학상을 수상했다.

리비는 1947년 탄소-12와 탄소-14를 이용하면 수만 년까지의 시간을 측정할 수 있다는 사실을 밝혀냈다.

반감기가 5700년인 탄소-14는 7만 년 이하의 시간 측정에 널리 이용한다. 탄소-14로 연대를 측정하기에 편리한 것은 나무, 풀, 토탄, 털, 뼈, 조개껍질 등이다.

★ 방사성 원소는 어떠한 환경에서도 일정한 비율로 붕괴한다.

생활 속에서 건진 창의적 아이디어

: 사계절 내내 타는 스케이트, 롤러스케이트

제임스 플림프턴 James Plimpton, 1828~1911 은 가구 외판원이었다. 고객을 찾아다니며 다리품을 팔아야 하는 신세이다 보니 언젠가부터 다리 관절에 서서히 무리가 오기 시작했다. 하지만 플림프턴은 그걸 그다지 대수롭지 않게 여겼다.

그런데 하루는 출근을 하려는데 무릎 관절 부위에서 발을 떼기 어려울 만큼 강한 통증이 느껴졌다. 별수 없이 병원을 찾아간 플림프턴은 의사에게 청천벽력과도 같은 말을 들었다.

"신경통입니다. 당분간 일을 쉬는 게 좋을 것 같습니다."

"어떻게 하면 빨리 회복될 수 있겠습니까?"

플림프턴은 부양해야 할 아내와 자식이 눈앞에 어른거려 걱정스레 물었다.

"스케이트를 타세요."

마침 겨울이었다. 플림프턴은 의사의 권유대로 스케이팅을 시작했다. 하루, 이틀 플림프턴은 운동량을 늘려 갔고 시간이 지나면서 통증도 차츰 가라앉았다.

그러나 겨울이 지나 더 이상 스케이트를 탈 수 없게 되자 또다시 통증이 찾아오기 시작했다.

'사계절 내내 스케이팅을 할 수는 없을까?'

플림프턴은 빙판 없어도 마음껏 스케이트를 탈 수 있는 아이디어를 끌어내기 위해 끊임없이 머리를 굴렸다.

그러던 어느 날이었다. 집으로 돌아온 플림프턴은 아이의 모습에서 마침내 고민 해결의 열쇠를 찾았다. 아이가 바퀴 달린 장난감을 타고서 신 나게 집 안을 휘젓고 다니고 있었다.

"그래 바로 저거야!"

플림프턴은 스케이트 몸통에 날카로운 날 대신 둥근 바퀴를 매달았다. 그러고는 거리로 나가 달려 보았다. 신 나는 스케이팅이었다. 바로 롤러스케이트roller skate의 탄생이었다.

이것은 운동의 마찰 효과를 창의적 아이디어에 적절히 이용한 예다.

왼쪽부터 1905년경의 롤러스케이트, 발 안쪽과 바깥쪽에 바퀴가 둘씩 달린 쿼드스케이트, 네댓 개의 바퀴가 한 줄로 달린 인라인스케이트

과학 지식 파고들기

: 근대적인 기상학을 보여 주는 측우기

조선 시대의 내로라하는 발명품 중에서 자격루와 견주어도 전혀 뒤지지 않는 것이 있다면 바로 측우기測雨器일 것이다.

세계에서 근대적인 기상학을 가장 먼저 시작한 곳이 유럽일 것이라 생각한다면 오산이다. 조선 시대 초 우리나라에서는 이미 강우량의 정확한 측정법을 이용하고 있었고, 그때 사용한 장비가 다름 아닌 측우기였다.

측우기는 토지 경제의 확립과 농작물의 수확 증대를 위해 발명되었다. 우리나라는 강수량이 그다지 충분하지 못할 뿐 아니라, 1년 내릴 비의 거의 대부분이 장마 기간에 집중해서 쏟아지는 기후다. 이것을 극복하는 노력이 측우기의 발명으로 이어진 것이다.

측우기를 발명하기 전에는 강우량을 측정하기 위해 땅속으로 스며든 빗물의 깊이를 쟀다. 이것은 불완전했다. 같은 양의 비가 내리더라도 마른 땅과 축축한 땅에 스며드는 깊이에 차이가 있기 때문이다.

세종 23년1441 8월 18일의 『세종실록』에 측우기에 관한 기록이 실려 있다.

"호조에서 아뢰기를, 지금의 강우량 측정 방법이 미흡한 데가 있어 결함을 보완하기 위해 측우기라는 철로 만든 그릇을 하나 만들었사옵니다. 서운관에 측우기를 설치해 놓고 비가 그쳤을 때마다 본관 관

서울 여의도공원 세종대왕 동상 주위에 배치된 측우기(왼쪽)와 자격루 모형

원이 강우량을 직접 관측해 즉시 보고토록 하고 기록해 두도록 할 것이옵니다. 지방에는 군과 현의 뜰에 두어 강우량을 측정한 다음 보고토록 하겠사옵니다."

이때부터 조선에서는 측우기를 사용한 강우량 측정법이 전국적으로 시행되었다. 이후 100여 년 동안 잘 지켜졌으나 임진왜란을 치르고 난 뒤 자취를 감추고 말았고 거의 모든 측우기가 사라져 버렸다. 안타까운 일이 아닐 수 없다. 그러다 측우기가 다시 모습을 드러낸 건 숙종과 영조 시대를 거치면서다. 오늘날 전해지고 있는 측우기도 이때 만들어진 것들이다.

우리 민족은 이처럼 세계 최초로 근대적인 기상학을 실시했으나 그것을 계승하고 발전시키지는 못했다. 아쉬울 따름이다.

: 방사선 양으로 지질학적 연대 측정하기

방사성 원소는 불안정하다. 물질은 안정한 상태를 원한다. 그래서 방사성 원소는 불안정한 상태를 벗어나 안정한 상태가 되기 위해 방사선을 방출한다.

물질 속에 포함돼 있는 방사선의 양을 정확히 측정해 지질학적 연대를 추정하는 것이 절대 연대 측정법이다.

방사선이 붕괴하면 방사선의 원래 양이 절반으로 줄어드는 때가 있는데 이것을 반감기 半減期, half-life 라고 한다. 즉 반감기는 방사선 양이 절반으로 줄기까지 걸리는 시간을 뜻하는 것이다.

반감기는 방사성 원소마다 달라, 어떤 물질은 지구의 나이를 훨씬 초과할 만큼 긴 반면 어떤 원소는 수십분의 1초에 불과한 찰나의 시간을 갖기도 한다. 절대 연대 측정에 널리 쓰이는 주요 방사성 원소와 반감기는 다음과 같다.

방사성 원소	붕괴 후 생성 원소	반감기
Rb(루비듐)-87	Sr(스트론튬)-87	470억 년
Th(토륨)-232	Pb(납)-208	140억 년
U(우라늄)-238	Pb(납)-206	45억 년
C(탄소)-14	N(질소)-14	5700년

이 표에서 보면 붕괴 후 생성 원소란 것이 있는데, 이것은 방사성

원소가 붕괴하고 나서 안정을 찾는 원소를 뜻한다. 예를 들어 불안정한 방사성 원소인 루비듐-87은 붕괴한 뒤 스트론튬-87로 변해 안정을 찾는다는 의미다.

그러면 방사성 원소로 절대 연대를 측정하는 과정을 알아보자. 예를 들어, 어떤 암석을 조사해 보니 우라늄-238이 0.0001그램, 납-206이 0.0004그램 포함돼 있다고 해 보자. 이 암석이 생성될 당시에는 납-206이 0.0001그램 들어 있었다면 이 암석의 절대 연령은 얼마나 될까?

우라늄-238은 붕괴해 납-206으로 변한다. 납-206의 양을 보면 0.0001그램에서 0.0004그램으로 네 배 증가했다. 이것은 우라늄-238이 두 번의 반감기를 겪었다는 뜻이다. 반감기가 한 번 지날 때마다 원래 양의 절반씩 감소하기 때문이다. 우라늄-238은 앞의 표에서 보듯 45억 년의 반감기를 갖는다. 따라서 우라늄-238이 두 번 붕괴했으므로 암석의 나이는 90억 년이 된다.

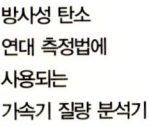
방사성 탄소 연대 측정법에 사용되는 가속기 질량 분석기

7

스포츠는 우리 삶에서 빼놓을 수 없죠.
엇갈리는 희비를 따라
무아지경으로 열광하는 것도 좋지만
스포츠를 통해 우리가 진짜 배워야 할 건
1000분의 1초를 위해
머리를 빡빡 깎는 최선의 자세와
그 과정에 반영된
과학적 사고 아닐까요?

미스터 퐁
야구장에 가다

?! 테니스공과 야구공의 대결

••   지구에서 낙하하는 물체는 모두 공기의 영향을 받는다. 대기와 마찰하는 것이다. 대기와의 마찰 시 물체의 속력은 일정한 값 이상으로 빨라지지 못한다. 이때의 속력을 '종속력'이라 한다.

물체의 종속력은 빗방울에서 확연히 드러난다. 빗방울을 아무리 맞아도 별로 아프지 않은 것은 빗방울이 종속력에 이르렀기 때문이다. 만약 공기가 없다면 비가 오는 날에는 방공호로 재빨리 대피해야 한다. 공기의 마찰을 무시할 경우, 1200미터 상공에서 낙하하는 빗방울의 속도는 1초에 150미터라는 무지막지한 값이기 때문이다.

빗방울만이 아니라 탁구공도, 사람도, 심지어 인공위성도 종속력을 가진다. 질량이 달라 종속력을 갖는 높이가 다를 뿐이다. 몇몇 물체의 종속력과 낙하 거리 평균값 는 다음과 같다. 야구공의 종속력이 초속 40미터, 낙하 거리가 210미터라는 것은, 210미터쯤 떨어졌을 때 야구공이 종속력에 근접한다는 의미다.

따라서 무거운 공과 가벼운 공을 동시에 낙하시키면 바닥에도 동시에 떨어진다는 갈릴레이의 낙하 실험은 공기 저항을 무시한다는 가정이 있을 때만 성립하는 결과다.

물체	종속력(m/s)	낙하 거리(m)
빗방울	7	6
탁구공	9	10
테니스공	30	110
야구공	40	210
스카이다이버	60	430

★ 야구공이 훨씬 빠른 속도로 지상에 먼저 도달한다.

홈런은 우연이 아니야

•• 　　　배트가 진동을 많이, 크게 한다는 것은 그만큼 에너지를 많이 소모한다는 뜻이다.

　야구공을 멀리 날려 보내려면 배트를 휘두르며 생긴 에너지를 야구공에 최대한 많이 전해 주어야 한다. 그런데 배트의 진동이 심하면 어찌 될까? 배트 자체의 에너지 소모가 커 야구공이 전해 받는 에너지가 그만큼 줄므로 야구공의 비행 거리는 짧아질 수밖에 없다.

　야구공을 때린 배트는 두 번의 진동을 겪는다. 한 번은 공과 배트가 충돌할 때이고, 한 번은 공이 방망이에서 튕겨 나갈 때로, 각각의 진동수는 약 170헤르츠와 530헤르츠 안팎이다. 즉 1초 동안 170번과 530번 진동하는 것이다.

　야구공과 배트가 충돌하는 시간과 이 진동수를 종합하여 산출한 결과에 따르면, 방망이 끝에서 17센티미터 정도 떨어진 곳에 야구공이 맞을 때 배트의 진동이 최소가 된다. 이는 물리학자 로드 크로스Rod Cross가『아메리칸 저널 오브 피직스American Journal of Physics』1998년 9월호에 발표한 결과다.

　따라서 배트의 진동이 최소인 그 부분에 공이 맞아야, 배트 진동에 의한 손 저림도 약해지고 더 많은 에너지를 전해 줄 수 있어 야구공이 최대로 날아간다. 야구 배트의 그 부분을 스위트 스폿sweet spot 이라고 한다.

★ 배트의 진동으로 인한 에너지 소모를 최소화해야 공이 멀리 날아간다.

?! 야구장에 갈 때는 혈압약을?

• • 　　　고혈압은 성인 인구의 약 30퍼센트를 차지할 정도로 동서양을 막론하고 일반적인 질병이다. 그런데도 치료가 완전히 이뤄지지 못하고 있는 것은 안타까운 일이 아닐 수 없다.

　콩팥에 이상이 생기면 콩팥의 본래 기능이 제대로 이루어질 리 없다. 그래서 필요 이상의 물이 몸속에 남는다. 콩팥과 그 기능에 대해서는 이 장 끝에 설명해 놓았다.

　이렇게 과다하게 몸 안에 쌓인 수분은 자연히 피에 섞여 체내를 휘휘 돌아 흐르면서 혈압을 상승시킨다. 그래서 혈압 치료약에는 소변의 분비를 촉진하는 이뇨제를 넣는다.

　미국의 '고혈압 예방과 발견, 진료 및 치료에 관한 합동 위원회'가 2003년에 펴낸 7차 보고서에 따르면 성인의 혈압은 다음과 같이 정의된다. 최고 혈압은 심장이 피를 내뿜을 때의 수축기 혈압, 최저 혈압은 심장으로 피가 흘러들 때의 이완기 혈압이다.

구분	최고 혈압(mmHg)	최저 혈압(mmHg)
정상	120 미만	80 미만
고혈압 전 단계	120~139	80~89
1단계 고혈압	140~159	90~99
2단계 고혈압	160 이상	100 이상

★ 혈압 치료약에는 이뇨제가 들어 있다.

?! 스포츠맨이라면 이온 음료를!

요즘 들어 이온 음료의 수요가 대폭 늘고 있다. 물보다 흡수율이 좋아 운동 후에 지친 몸을 빠르게 회복시켜 주기 때문이다.

그렇다면 이온 음료 속에는 어떤 비밀이 숨어 있을까?

체질에 따라 차이가 있기는 하지만 인체 속에는 대체로 물이 70퍼센트 이상 들어 있다. 그중 1~2퍼센트만 줄어도 갈증을 느끼게 되고, 5퍼센트가 부족하면 혼수상태에 빠지며, 12퍼센트가 빠져나가면 고귀한 생명을 잃는다.

사람이 살아가는 데 물이 그렇게 중요한 이유는 무엇일까?

지구 생명체의 출발은 바닷물이었다. 인간도 잉태되는 순간부터 물에서 삶을 시작한다. 어머니의 양수는 바닷물과 비슷한 성분으로 이루어져 있다. 나트륨Na, 칼슘Ca, 염소Cl, 칼륨K, 마그네슘Mg 등이 엇비슷한 비율로 포함되어 있는 것이다.

이러한 원소로 구성된 몸속의 물은 피와 조직액의 순환을 원활하게 하며, 영양소를 분해해 필요한 세포에 적절히 보내 준다. 따라서 체액에 가까운 전해질 용액, 예를 들어 나트륨 이온Na^+, 칼슘 이온Ca^{2+}, 염소 이온Cl^-, 칼륨 이온K^+, 마그네슘 이온Mg^{2+}을 포함한 음료를 마시면 땀으로 손실된 수분과 부족한 미네랄을 더 빠르고 충분하게 공급해 줄 수가 있다.

★ 이온 음료는 체액에 가까운 전해질 용액이 들어 있어 수분과 미네랄 보충이 용이하다.

?! 스피드왕이 되려면 클랩 스케이트를!

•• 　　　클랩 스케이트는 뒤축이 날과 분리되어 있기 때문에, 얼음을 지칠 때 날이 얼음판에 오래 닿아 가속도를 더 높일 수 있다.

반면 일반 스케이트는 뒤축이 스케이트 날에 착 달라붙어 있어서 선수가 발을 들어 올릴 때마다 스케이트 날도 발과 함께 빙판에서 들린다. 그만큼 스케이트를 지칠 수 있는 시간이 줄어드는 셈이다.

스피드 스케이팅 선수들은 기록 단축 효과가 크다는 이점 때문에 기존의 날이 붙은 스케이트보다 클랩 스케이트를 선호한다. 클랩 스케이트를 착용하면 일반 스케이트보다 한 바퀴당 0.2~0.4초 빠르다는 것이 기록으로 확실히 입증되고 있기 때문이다.

실례로, 1997년 11월 23일과 24일 이틀에 걸쳐 캐나다 캘거리에서 열린 월드컵 시리즈에서 클랩 스케이트를 신은 선수들이 세계 기록을 연거푸 깼다. 첫날은 남자 1천 미터에 출전한 1위부터 8위까지의 선수가 종전 세계 기록을 능가하는 놀라운 기록을 세웠다. 이틀째에도 3명이 다시 세계 신기록을 냈다. 또 1998년 일본 나가노 겨울 올림픽은 클랩 스케이트의 경연장이었다고 해도 과언이 아니었다.

클랩 스케이트

★ 클랩 스케이트는 빙판에 닿는 시간을 길게 하여 가속도를 높인다.

?! 얼음낚시는 어떻게 가능할까?

•• 　　　겨울이 되면 기온은 어는점을 향해 내려간다. 그러면 호숫물, 강물, 바닷물도 보조를 맞춰 온도가 내려간다.

어는점 빙점, freezing point 은 물이 얼어 얼음이 되는, 그러니까 액체가 얼어 고체가 되는 순간의 온도다.

온도가 어는점을 향해 내려가면, 물속에서는 순환 운동이 조금씩 일어난다. 물이 제자리에 머물러 있는 것이 아니라, 상층과 하층의 물이 서로 역전하면서 순환하는 것이다. 그러다가 기온이 섭씨 4도 이하로 내려가면 물은 더 이상 순환하지 않는다. 밑으로 내려간 물의 밀도가 더 커졌기 때문이다.

밀도가 커졌다는 것은 무거워졌다는 뜻이다. 아래가 무거워졌으니 물이 위로 솟아오르기는 그만큼 어려워진다. 그래서 강물은 바닥부터 얼지 않고, 기온 변화에 가장 먼저, 민감히 반응하는 위부터 냉각되는 것이다.

물의 이러한 특성 때문에 기온이 섭씨 0도 이하로 내려가 상층부가 꽁꽁 얼어도 하층부는 액체 상태를 꿋꿋이 유지하는 것이고, 한겨울에도 물속 생물들이 강이나 호수와 바다에서 살아남을 수 있는 것이다.

★ 밀도가 섭씨 4도에서 최대라는 기이한 특성이 물을 위부터 얼게 한다.

얼음은 왜 물에 뜰까?

∘● 　　물 분자는 굽은형 구조로 이루어져 있으며, 수소 결합을 한다. 수소 결합은 수소 원자의 양편으로 2개의 원자가 달라붙는 결합으로, 굽은형의 수소 결합을 하면 녹는점과 끓는점이 높아진다. 그래서 같은 분자량을 가진 다른 분자보다 물 분자의 녹는점과 끓는점이 상대적으로 높다.

　물과 얼음은 둘 다 수소 결합을 하지만, 얼음은 육각형 구조다. 그래서 물이 꽁꽁 얼어 얼음이 되면, 그 부푼 만큼이 육각형 구조로 변하면서 부피가 늘어나는 것이다.

　질량은 그대로인데 부피가 커졌다는 것은 밀도가 작아졌다는 뜻이다. 밀도와 부피는 반비례 관계 밀도 = 질량 ÷ 부피에 있기 때문이다. 밀도가 작아졌으니 얼음이 물 위에 뜨는 것은 당연하다.

　덧붙인다면 분자 구조가 직선 형태라는 것은 수소 결합을 하지 않는다는 의미다. 그렇게 되면 물의 녹는점과 끓는점은 낮아진다. 끓는점이 낮아지면 물이 쉽게 수증기로 증발해 액체 상태의 물을 지상에서 찾아보기 어려워진다.

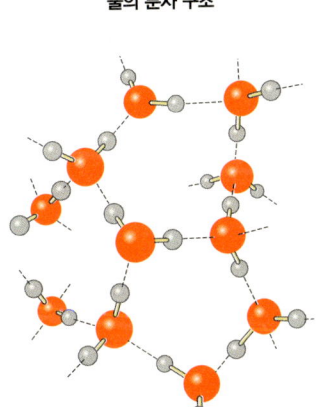

물의 분자 구조

물 분자의 수소 결합

★ 물의 분자 구조가 바뀌면 얼음의 밀도가 작아진다.

생활 속에서 건진 창의적 아이디어

: 공을 더 멀리 보내는 방법? … 연식 야구공

햇살이 창으로 따스하게 스며들었다. 몸이 좋지 않아 겨우내 집에만 누워 있던 소년 스즈카 사카에 鈴鹿榮, 1888~1957 는 아버지를 졸라 집 밖으로 나왔다. 아버지의 부축을 받으며 모처럼 나온 공원은 푸릇푸릇한 풀과 화사한 꽃으로 치장되어 있었다. 공원 한편에서는 아이들이 즐겁게 야구를 하고 있었다.

스즈카는 날아갈 듯한 상쾌한 기분을 맛보며 공원 벤치에 앉아 야구를 지켜보았다. 장타가 나올 때면 마치 자신이 푸른 하늘로 솟아오르기라도 하는 듯한 기쁨을 느꼈다.

그러나 스즈카는 야구 경기를 보는 내내 한 가지 아쉬운 점이 있었다. '딱' 하고 배트가 야구공을 때리는 경쾌한 소리가 들릴 때마다 야구공이 외야수를 훌쩍 뛰어넘어 날아갈 것이라 생각했으나 실제로는 그렇지가 않았다. 야구공은 의외로 멀리 날아가지 못하고 외야수에게 잡히는 경우가 허다했다.

집으로 돌아온 스즈카는 그 문제를 놓고 고민에 고민을 거듭했다.

'공이 너무 가볍고 매끄러워서 그런가?'

스즈카는 그렇게 판단했다.

당시 아이들이 주로 사용한 야구공은 연식 정구공이었다. 연식 정구공은 얇게 자른 고무로 가공한 공 속에 공기를 듬뿍 채워 만든 공이다.

연식 정구공이 상상외로 가볍다 보니 날아가면서 받게 되는 공기의 저항력이 그만큼 강해 속도가 빨라지지 못했으며, 따라서 비행 거리도 짧은 것이었다.

그래서 스즈카는 야구공을 두껍고 딱딱한 고무로 대체하면 이런 문제점을 어렵지 않게 해결할 수 있으리라는 아이디어를 떠올렸다. 거기에다 공의 표면까지 움푹움푹 파이게 하면 비행 거리를 훨씬 늘릴 수 있다는 생각으로까지 발전시켰다.

스즈카의 두 번째 발상은 정말 기발했다. 얼핏 생각하기에 공의 표면이 매끄러워야 멀리 날아갈 것 같지만 홈이 파인 공이 매끄러운 공보다 두 배 이상 더 멀리 날아간다. 이는 골프공이 매끄럽지 않고 군데군데 패었다는 사실로 충분히 입증된다. 스즈카는 이러한 창의적 아이디어로 만든 연식 야구공 하나로 엄청난 부자가 되었다.

이것은 공기의 저항 감소 효과를 창의적 아이디어에 훌륭하게 접목시킨 예다.

연식 야구공(왼쪽)과
경식 야구공

과학지식 파고들기

: 장타를 노리는 타자가 알아야 할 물리학

야구공을 배트로 쳐서 멀리 보내려면 힘이 좋아야 한다. 이런 이유로 야구 선수들은 꾸준한 웨이트 트레이닝과 강도 높은 훈련으로 근력을 튼튼히 한다. 하지만 튼튼한 체력을 기르고 유지하기만 하면 매번 장타를 칠 수 있는 것은 아니다. 그렇다면 왜소한 체구의 야구 선수는 절대로 홈런을 칠 수 없어야 하는데, 실제는 그렇지 않다.

타자가 장타를 치기 위해서는 운동량과 충격량이라는 물리 법칙을 잘 알아 두는 것이 좋다. 물체의 운동량은 이렇게 정의한다.

$$운동량 = 질량 \times 속도$$

정의에 따르면, 운동량은 질량과 속도에 비례한다. 무겁고 빠를수록 운동량이 커지는 것이다. 이런 원리를 배트에 적용하면, 무거운 배트를 빠르게 휘두르면 야구공을 더욱 멀리 뻗어 나가게 할 수 있다.

그러나 문제는 무거운 방망이를 빠르게 휘두른다는 것이 쉬운 일이 아니라는 점이다. 그래서 무거운 방망이를 적당히 휘두를 것이냐, 가벼운 방망이를 빠르게 휘두를 것이냐를 놓고 타자는 고민하게 된다. 초창기에는 무거운 방망이를 선호하는 경향이 우세했으나, 요즘은 가벼운 것을 택하는 경향이 강해지고 있다. 타자가 장타를 치는 데 배트의 무게보다 배팅 속도가 유리하다고 보는 것이다.
 다음으로, 충격량은 이렇게 정의한다.

$$충격량 = 힘 \times 시간$$

 충격량의 정의에 따르면, 충격량은 힘과 시간에 비례한다. 강한 힘을 오랫동안 줄수록 충격량이 커지는 것이다. 이러한 원리를 배트에 적용하면, 야구공과 접촉하는 시간을 길게 할수록 큰 충격을 주어 야구공을 멀리 보낼 수가 있다.
 야구공이 배트에 머무는 시간은 평균적으로 0.0012초 정도라고 한다. 이러한 시간을 요령껏 조금이라도 늘린다면, 야구공에 충격을 더 주어 장타를 날릴 수가 있는 것이다. 야구 경기를 시청하다 보면 해설자가 "배트를 빠르게 휘두르고 끝까지 힘을 실어 쳐라."라고 하는데 이것이 다 운동량속도과 충격량시간의 원리를 염두에 두고 하는 말이다.

: 인체의 여과와 배설을 담당하는 콩팥

콩팥 신장은 등뼈, 횡격막 밑에 두 개가 붙어 있다. 노폐물을 걸러 내고 물을 배설해 혈액의 농도를 조절하는 것이 콩팥의 주요 임무다. 하루에 콩팥을 지나는 혈액의 양은 평균 1톤을 웃돈다.

콩팥은 100여만 개의 콩팥단위 콩팥을 구성하고 있는 가느다란 관 모양의 구조물로 이루어져 있다. 콩팥단위에는 보먼주머니가 있고, 그 속에 사구체가 있다. 사구체의 실핏줄은 무려 80여 킬로미터에 이른다. 사구체를 통과한 물질을 원뇨라고 한다. 콩팥 내부에 염증이 생기면 붉은 오줌 혈뇨이 나온다.

기나긴 실핏줄 여행을 마치고 사구체를 빠져나온 원뇨는 세뇨관에서 다시 한 번 걸러진다. 세뇨관은 물, 포도당, 아미노산, 비타민을 거르고 재흡수하면서 오줌을 만드는 마지막 과정을 완성한다. 세뇨관에서 재흡수가 이뤄지면 액체는 관을 타고 흘러 방광으로 옮겨진다.

방광은 1리터 남짓한 오줌을 담는데, 40퍼센트 정도 차면 방광 벽이 자극을 느끼기 시작한다. 압박을 받은 방광은 골반 신경을 자극해 명령을 하달한다. 오줌이 마려우니 빨리 배설하라는 명령이다. 그러면 대뇌는 방광 근육을 수축시키고 자율 신경은 괄약근을 열어 배뇨를 한다.

콩팥을 통한 여과가 제대로 이뤄지지 않아 몸에 물이 남아 있으면 혈압이 오른다. 혈압이 상승하면 부종과 요독증이 생긴다. 부종은 신체 조직의 틈 사이에 조직액이 괴어 있는 상태를 일컫는다. 이른바 부기를 느낀다고 하지 않는가? 요독증은 불필요한 단백질이 오줌으로 배설되지 못하고 체내에 축적되어 나타나는 증상이다. 콩팥의 기능이 극도로 떨어지면 신부전증이 생긴다.

 콩팥의 기능을 약화시키는 요인으로 약의 남용이 있다. 굳이 먹어도 되지 않을 약을 불필요하게 빈번히 섭취하면 콩팥에 무리가 간다. 약은 간에서 파괴되기 때문에 콩팥은 상관없지 않으냐고 할지도 모르겠으나, 간에서 약이 파괴되기 전에 콩팥에서 먼저 걸러진다는 사실을 명심하자.

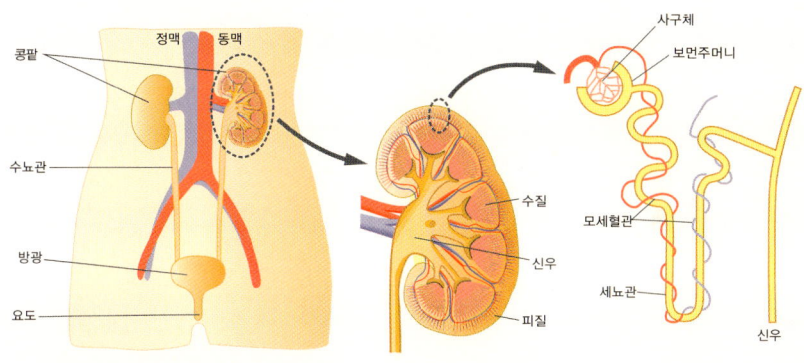

콩팥의 위치와 구조

?! 하늘로 날아오르는 풍선의 비밀

•• 　　　　공기는 일종의 혼합 기체로, 주성분은 질소와 산소다. 그 밖에도 여러 기체를 포함하는데, 수증기, 아황산가스, 일산화탄소, 암모니아, 탄화수소, 먼지, 꽃가루, 미생물, 타르 성분 등이 때와 곳에 따라 다양한 비율로 포함되어 있다.

　공기 중에는 이처럼 다양한 기체와 분진이 들어 있고, 입으로 내뱉는 공기에도 질소에서부터 이산화탄소에 이르기까지 여러 종류의 기체가 다양한 비율로 섞여 있다. 반면에, 공원에서 파는 풍선 속에는 단 한 종류의 기체만 들어간다. 수소나 헬륨처럼 가벼운 기체를 집어넣어 풍선을 부풀리는 것이다.

　기체는 질량을 갖는다. 어떤 것은 무겁고 또 어떤 것은 가볍다. 수소와 헬륨은 기체 중에서도 가볍기로 소문난 것들이다. 그래서 공원에서 파는 풍선은 공기의 평균 무게보다 가벼울 수밖에 없고, 입으로 분 풍선은 공기와 무게가 엇비슷한 것이다. 그래서 공원에서 산 풍선은 하늘로 높이 솟아오르는 반면, 입으로 분 풍선은 키 높이 정도에서 멈추거나 바닥으로 주저앉는다.

지표 부근의 공기 조성 비율

기체	성분비(%)
질소	78.084
산소	20.946
아르곤	0.942
이산화탄소	0.032
네온	0.001818
헬륨	0.000524
크립톤	0.000144
크세논	0.0000087

★ 기체 통으로 분 풍선에는 가벼운 기체 한 가지만 들어간다.

비눗물을 들이마시지 않으려면

●● 　　　우리는 빨대를 이용해 액체를 빨아들이는 것을 그다지 어렵지 않게 생각한다. 그러나 이는 그리 가볍게 여길 문제는 아니다. 빨대로 액체를 빨아올리는 행위는 언뜻 단순해 보이지만 그 순간 우리가 대기압을 유효 적절히 이용하기 때문에 가능한 일이다.

　대기압이 액체를 눌러 주지 않으면, 우리는 대기압에 해당하는 힘만큼을 더해 입으로 액체를 빨아야 한다. 아마 대기압의 도움 없이 액체를 빨아올리려면, 모르긴 몰라도 우리의 입은 엄청난 고통을 겪게 될 것이다.

　숨을 들이쉬면 횡격막이 내려가 가슴속이 넓어진다. 공간이 넓어졌다는 것은 다시 말하면 압력이 낮아졌다는 뜻이다. 압력이 낮아졌으니 대기압을 받고 있는 컵 속의 액체가 무리 없이 빨려 올라오는 것이다. 그래서 주의하지 않으면 비눗물이 목구멍으로 쉽게 넘어가고 만다.

　이때 빨대의 중간 부분에 구멍을 뚫으면 어떻게 될까? 그 구멍으로 공기가 출입해 빨대 속 압력이 대기압과 같아진다. 그래서 이번에는 굳이 넘기려고 해도 비눗물이 목구멍 너머로 잘 넘어가지 않는다.

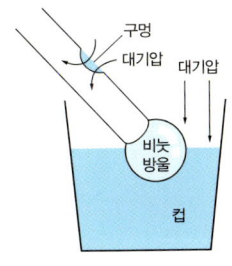

★ 빨대 중간에 구멍을 뚫는다.

?! 빗자루 머리를 매끄럽게

◦• 　　　머리카락의 상태는 피지선皮脂腺이 방출하는 지방성 물질의 양에 따라 달라진다.

지방질은 머리카락의 윤기를 유지하고 건조해지지 않도록 해 준다. 하지만 무엇이든 지나치면 없느니만 못하듯, 지방질이 너무 많으면 기름에 푹 빠진 오리처럼 모발이 산뜻해 보이지 않는다. 또 부족하면 건조하고 윤기가 없어 부스스해 보인다.

우리는 머리를 감을 때 비누보다 샴푸를 즐겨 쓴다. 비누에는 없는 독특한 성분이 샴푸에 있기 때문이다.

머리카락의 윤기와 탄력은 산성도와 관계가 깊다. 머리카락이 산성화하면 강도가 좋아지고 각피가 정돈되어 빛을 일정하게 반사한다. 그래서 산성 샴푸로 머리를 감으면 머리카락이 빛나며 윤기가 흐른다.

그러나 염기성 샴푸를 사용하면 머리카락의 각피가 부서져 빛을 사방으로 반사해 매끄러워 보이지 않는다. 비누는 대표적인 염기성 물질. 그래서 비누로 머리를 감으면 머리카락의 윤기가 살아나지 못하고 산뜻해 보이지 않는 것이다.

그런데도 비누를 사용하면서 윤기 있고 매끄러운 머리카락을 유지하고 싶다면, 비누로 머리를 감은 후에 식초를 조금 탄 물로 헹구면 된다. 그러면 어느 정도 찰랑찰랑한 머릿결을 유지할 수 있다.

★ 머리카락은 산성 액체로 감으면 한결 매끄러워진다.

?! 손수레를 밀어야 하나, 당겨야 하나

• • 　　　미스터 퐁이 손수레에 가하는 힘을, 아래에서 미는 경우와 위에서 당기는 경우로 나눠 생각해 보자.

　손수레를 아래에서 미는 경우, 위쪽으로 작용하는 힘이 많아야 손수레를 계단으로 올리기가 쉽다. 그런데 다음 그림에서 보면, 손수레를 아래에서 밀면, 힘이 위쪽은커녕 계단과 땅바닥으로 분산된다. 이것은 힘을 효율적으로 쓰지 못하는 경우다.

　손수레를 위에서 당기면, 아래에서 미는 경우보다 위쪽으로 작용하는 힘이 많아진다. 힘을 더 효율적으로 이용하고 있는 것이다. 따라서 아래에서 미는 경우에 비해 손수레를 계단 위로 더 쉽게 옮길 수 있다.

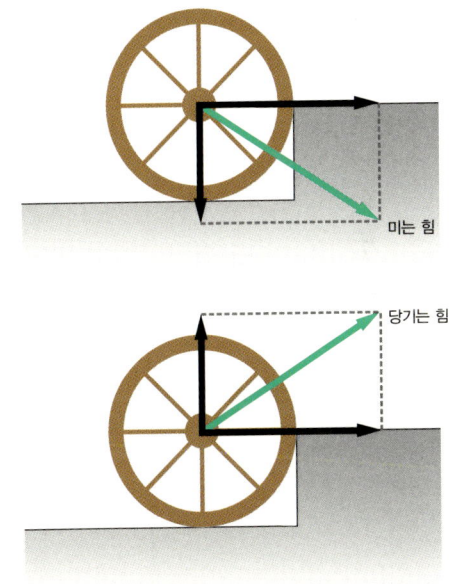

미는 힘

당기는 힘

★ 위에서 당겨야 힘을 더 적게 들이고 손수레를 옮길 수 있다.

공포의 투시 카메라

투시 카메라는 어떻게 해서 수영복을 뚫고 맨살을 볼 수 있을까?

엑스선을 수영복에 투사한다

인체의 움직임을 파동으로 읽는다

인체의 미세한 전기 에너지를 포착한다

몸이 반사한 적외선을 이용한다

●● 수영복 입은 여성들의 알몸을 촬영하는 데 악용되는 투시 카메라는 일종의 적외선 카메라다.

적외선赤外線, infrared ray이 수영복을 뚫고 들어가 인체의 피부에서 튕겨 나올 때 그 적외선을 포착해 영상으로 합성해 내는 것이 투시 카메라의 기본 원리다.

태양에서 무수히 쏟아져 내리는 빛 중에 우리 눈으로 볼 수 있는 영역은 가시광선 영역이며, 이 가시광선의 끝인 붉은색 바로 옆에 있는 전자기파가 바로 적외선으로, 눈으로는 관찰되지 않는다. 적외선은 파장이 800~1000나노미터인 빛으로, 가시광선보다 파장이 길어 침투력이 뛰어나다. 적외선은 천왕성을 발견한 영국 천문학자 윌리엄 허셜William Herschel, 1738~1822이 1800년에 발견했다.

적외선 난방 기구나 교량의 균열을 조사하는 적외선 비파괴 검사 등은 적외선의 이러한 침투력을 적절히 활용한 예다.

태양광은 수영복을 입고 있는 여성의 몸에 끊임없이 충돌한다. 햇빛 가운데 가시광선처럼 침투력이 우수하지 못한 빛은 수영복을 뚫지 못하고 옷 표면에서 튕겨 나오지만, 투과력이 우수한 적외선은 수영복을 뚫고 피부 표면까지 들어가서 반사되어 나온다. 이때 반사된 적외선을 특수 필터적외선 필터로 가려내 영상으로 합성하면 여성의 맨몸을 그대로 볼 수가 있다.

★ 투시 카메라는 인체가 반사한 적외선을 포착해 영상화한다.

?! 투시 카메라를 무찌르는 방법

투시 카메라에 대처하려면
어떤 방법이 좋을까?

① 날씨가 쾌청한 날 수영장에 간다

② 옷을 펑퍼짐하게 입는다

③ 진한 색깔의 수영복을 입는다

④ 수영복에 물을 묻힌다

• • 　　투시 카메라가 항상 그 성능을 유감없이 발휘할 수 있는 건 아니다.

우선 날씨가 쾌청해야 한다. 흐린 날이나 부슬부슬 비가 내리는 날은 태양이 내뱉는 적외선이 구름에 대부분 흡수되어 지상까지 도달하지 못한다. 그래서 맑고 밝은 날이 적외선 촬영에 적합한 것이다.

또 투시물이 얇을수록 좋다. 몸에 찰싹 달라붙은 옷일수록 투시 효과가 좋기 때문이다. 다시 말해, 투시 카메라로 찍은 영상은 컬러가 아닌 흑백이어서 짙은 색이건 옅은 색이건 옷 색깔에는 무관하지만, 되도록이면 몸에 밀착된 얇은 옷일수록 투시 효과가 훌륭하다.

투시 카메라의 성능이 아무리 뛰어나다 해도 옷을 몇 겹씩 두껍게 겹쳐 입는다거나 펑퍼짐하게 차려입으면 투시 효과가 거의 나타나지 않는다.

그래서 투시 카메라는 비키니 수영복 차림의 여성을 노린다. 한여름의 작열하는 태양광 아래에서 몸에 착 달라붙는 수영복을 입고 있으면 투시 카메라가 노리는 가장 이상적인 대상이 된다. 거기에다 옷에 물까지 묻어 있으면 옷이 몸에 더욱 찰싹 달라붙게 되어, 적외선의 침투력은 한층 높아지고 더욱 선명한 상을 얻을 수가 있다.

★ 투시 카메라는 펑퍼짐한 옷차림에는 효과가 거의 없다.

?! 당구 좀 친다고? 이거 알아?

물리의 보존 법칙 중에 운동량 보존 법칙이 있다. 물체의 운동량이 보존된다는 것이다. 그래서 당구공의 충돌 전과 후의 운동량은 보존된다.

운동량은 속도에 비례한다. 속도가 커질수록 세지고, 방향은 속도가 움직이는 쪽과 같다.

당구공의 충돌 전의 속도 그림 1 와 충돌 후의 속도 그림 2 는 그림과 같다.

충돌 후 당구공의 속도를 더해야 하는데, 두 방향이 평행하지 않아서 그냥 더하지 않고 평행사변형을 만들어서 더하는 방법을 쓴다. 이때 평행사변형의 대각선이 합이 된다. 그림 3

운동량 보존 법칙에 따라, 대각선은 충돌 전의 운동량과 같아야 한다. 그래서 새로운 삼각형이 만들어진다. 그림 4

이때 삼각형에서 빨간 당구공의 속도와 하얀 당구공의 속도가 이루는 각은 90도가 된다. 이것은 운동 에너지와 피타고라스 정리를 써서 증명할 수가 있는데, 이에 대한 내용은 이 장의 끝에 설명해 놓았다.

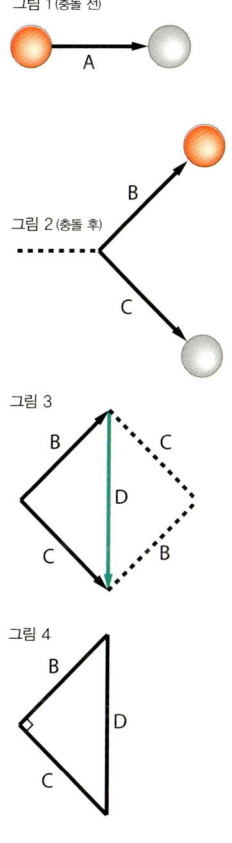

그림 1 (충돌 전)

그림 2 (충돌 후)

그림 3

그림 4

★ 앞과 같은 조건이라면 두 당구공은 항상 90도로 퍼져 나간다.

213

?! 돌아오지 않는 부메랑

• • 　　부메랑은 양력揚力을 얻어 나는 비행체다. 양력을 발생시키려면 공기의 속력에 변화가 있어야 한다. 양력을 이용해 하늘을 나는 대표적인 운행체인 비행기는 날개를 위쪽은 불룩하고 아래쪽은 평평하게 만들어 위쪽을 흐르는 공기의 속도가 더 빨라지도록 제작된다. 그러면 느린 속도, 높은 압력 베르누이의 원리에 따라 유체의 압력과 속도는 반비례한다. 의 공기가 흐르는 날개 밑면으로부터 빠른 속도, 낮은 압력의 공기가 흐르는 날개 윗면으로 양력이 작용해 비행기가 뜨는 것이다. 부메랑 역시 양력을 이용해 날므로 그 단면이 한쪽은 부풀고 다른 한쪽은 평평한 모양을 하고 있다. 부메랑을 던져 제자리로 되돌아오게 하려면 부메랑이 지면과 평행한 원을 그리며 날아가도록 만들어야 한다. 그렇게 하려면 부메랑을 세워서 던지면 된다. 비행기의 날개 방향과 비행기가 얻는 양력의 방향을 생각하면, 부메랑이 옆으로 날아가기 위해선 지면과 수평한 방향의 양력을 받아야 함을 알 수 있다.

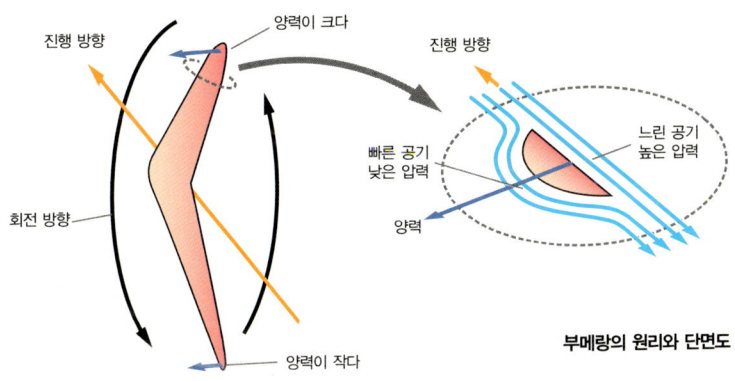

부메랑의 원리와 단면도

★ 부메랑은 세워서 던져야 되돌아온다.

?! 인구가 두 배로 늘면 지구는 몇 킬로그램 늘까?

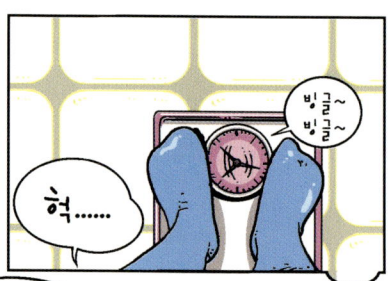

● ● 　　　인체를 이루는 기본 구성 인자는 탄수화물, 단백질, 지방 같은 유기 화합물organic compounds이다. 유기 화합물은 탄소 원자를 기본 골격으로 갖는 화합물을 말한다.

이러한 유기 화합물은 지구 내의 물질을 이용해 만들어진다. 지구 밖 공간으로부터 급작스럽게 날아들어 온 물질을 합성해 부랴부랴 만드는 것이 아니라는 얘기다.

식물은 햇빛을 받아 광합성을 하고 유기 화합물을 합성한다. 이렇게 1차 생산자가 생산한 유기 화합물은 그보다 고등 생명체인 동물과 인간이 자연스럽게 소비하며 아이도 출산하고 문명도 발전시키면서 생태계의 원활한 평형을 유지해 나간다. 이렇게 본다면 인간의 모든 활동은 지구 내의 요인들로부터 비롯된다고 할 수 있다.

그래서 인구가 매년 증가한다고 해도, 그러한 변화는 외부 요인에 의한 것이 아니라 지구 내 원소들이 이루어 낸 합작품일 따름이다. 지구 인구가 무한정 늘더라도 지구 전체적으로는 보존 법칙이 성립되어 총질량에 거의 변화가 없게 되는 것이다. 다만 대기권 밖에서 하루도 거르지 않고 끊임없이 날아드는 입자나 운석 덩어리 들의 질량만큼 변화가 있을 수는 있으나, 전체적으로 그 양은 미미한 수준이다.

★ 지구 전체적으로 질량은 보존되어 거의 변화가 없다.

생활 속에서 건진 창의적 아이디어

: 깨진 플라스크에서 비롯된 안전유리의 탄생

프랑스 과학자 에두아르 베네딕튀스Édouard Bénédictus, 1878~1930는 까딱 실수를 하여 실험대 위의 유리 플라스크를 건드렸다.

플라스크가 바닥으로 떨어지며 쨍하는 소리를 냈다. 베네딕튀스는 플라스크가 산산조각이 나면서 사방으로 유리가 튀었을 것이라 생각했다.

그런데 플라스크가 떨어진 곳을 살펴보았더니 놀라운 일이 벌어져 있었다. 플라스크를 이루는 유리는 산산이 깨졌으나, 유리가 떨어져 나가지 않고 붙어 있어 플라스크의 몸체는 그럭저럭 본래의 형태를 유지하고 있었던 것이다.

'어떻게 이런 일이….'

의아하게 생각한 베네딕튀스는 플라스크를 집어 들었다. 해답은 플라스크 속 물질이었다.

베네딕튀스는 질산셀룰로오스 용액을 플라스크에 넣어 놓고 방치해 두었는데, 오랫동안 시간이 흐르자 얇은 막이 형성되었고 그 막이 유리 조각을 끈끈히 붙들어 매는 작용을 한 것이다.

이 일이 베네딕튀스의 기억에서 점점 잊혀 가고 있던 어느 날이었다. 신문을 읽고 있던 베네딕튀스의 시선이 한 교통사고 기사에 가닿았다. 파리 시내에서 교통사고가 발생해 한 여인이 깨진 유리 파편에

중상을 입었다는 내용이었다.

베네딕튀스는 예전의 플라스크 사건을 기억해 냈다.

'유리가 깨졌더라도 파편이 튀어 날아가지 않았다면 여인은 큰 피해를 입지 않았을 텐데…….'

베네딕튀스는 곧바로 안전유리의 제작에 착수했고, 두 개의 유리판 사이에 질산셀룰로오스 필름을 부착시킨 샌드위치 모양의 유리를 개발하는 데 성공했다.

이것은 용액의 점액질 특성을 창의적 아이디어에 훌륭하게 응용한 예다.

자동차의 방탄유리 역시 여러 겹의 유리판 사이에 합성수지 필름을 넣어 만든다. 오늘날에는 질산셀룰로오스보다 더 튼튼한 강화 플라스틱이 쓰인다.

과학지식 파고들기

우주에 가장 많이 존재하는 원소는?

지구 대기에 가장 많이 존재하는 기체는 질소와 산소다. 그렇다면 우주에 가장 많이 존재하는 기체는 무엇일까?

'질소 아니면 산소겠지' 한다면 틀렸다. 우주에서 질소와 산소가 차지하는 비중은 극히 미미하다. 대신 지구 대기에선 그다지 큰 비중을 차지하지 못하는 수소와 헬륨이 우주 전체적으로는 가장 많은 비율을 차지한다. 왜 그럴까?

하늘을 바라보면 별들이 깨알처럼 붙박여 있다. 천체 망원경으로 보면 더욱 많은 별이 까만 밤하늘을 수놓고 있다. 무진장이라고 해도 좋을 만큼 우주를 채우고 있는 별들의 구성 성분이 다름 아닌 수소와 헬륨이다. 그래서 수소와 헬륨이 우주에서 가장 많이 분포한 기체가 되는 것이다.

우리 은하에 가장 많이 분포하는 기체

순위	물질	질량 대비 비율(%)
1	수소	73.9000
2	헬륨	24.0000
3	산소	1.0400
4	탄소	0.4600
5	네온	0.1340
6	철	0.1090
7	질소	0.0960
8	규소	0.0650
9	마그네슘	0.0580
10	황	0.0440

: 대기압의 세기

공기 덩어리의 무게는 의외로 상당히 무겁다. 1제곱미터당 무려 10여 톤의 힘을 아래로 내리누르는 값이다. 이는 우리 몸이 1제곱미터당 코끼리 대여섯 마리를 이고 있는 것과 같다. 그런데도 우리가 이런 무지막지한 무게를 느끼지 못하는 건 인체 내부에서 그와 동등한 압력을 몸 밖으로 밀어내고 있기 때문이다. 지구의 공기가 지표를 향해 가하는 압력을 대기압이라고 한다. 지표에는 1기압의 압력이 작용하는데, 그 세기를 수은주로 표시하면 수은을 76센티미터, 물기둥으로 나타내면 물을 10미터가량 밀어 올리는 힘과 같다.

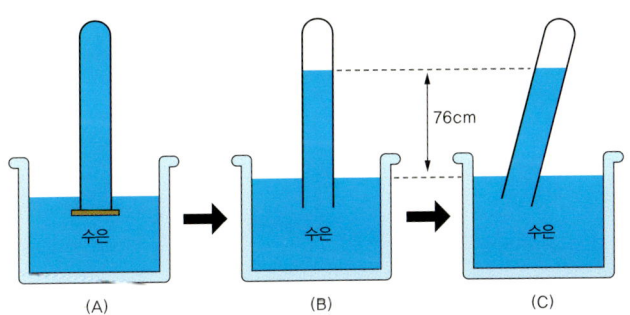

이탈리아 물리학자 토리첼리는 1643년 유리관과 수은을 사용해 대기압의 크기를 쟀다. 단면적이 1제곱센티미터이고 길이가 1미터인 유리관 안에 수은을 가득 채운 뒤 수은이 담긴 그릇에 이 유리관을 거꾸로 세운다.(그림 A) 유리관의 마개를 제거하고 한참이 지나면 유리관 속의 수은이 그릇 속으로 흘러내리다 그릇에 담긴 수은의 표면으로부터 76센티미터의 높이를 유지한 채로 멈춘다.(그림 B) 유리관을 조금씩 움직여도 이 높이는 변함없다.(그림 C) 이 실험에서 대기압(1기압)은 76센티미터의 수은주 무게와 같다는 사실이 발견되었다.

ː 당구공의 움직임 이해하기

충돌 뒤 90도로 나아가는 두 당구공 • 물체가 움직이면 운동 에너지가 생긴다. 운동 에너지는 이렇게 정의한다.

$$운동\ 에너지 = \frac{(질량) \times (속도)^2}{2}$$

빨간 당구공 R이 멈춰 있는 하얀 당구공 W를 때렸다. 빨간 당구공의 충돌 전 속도는 A, 하얀 당구공의 충돌 전 속도는 Z라고 하면, 당구공이 충돌하기 전의 운동 에너지는 이렇게 된다.

$$R의\ 충돌\ 전\ 운동\ 에너지 = \frac{(R의\ 질량) \times (A)^2}{2}$$

$$W의\ 충돌\ 전\ 운동\ 에너지 = \frac{(W의\ 질량) \times (Z)^2}{2}$$

당구공이 충돌하기 전 하얀 당구공은 멈추어 있었으니 Z는 0이다. 그래서 하얀 당구공의 운동 에너지는 0이 된다. 따라서 당구공이 충돌하기 전의 운동 에너지는 빨간 당구공의 운동 에너지와 같다.

빨간 당구공의 충돌 후 속도를 B, 하얀 당구공의 충돌 후 속도를 C

라고 하면, 당구공이 충돌한 후의 운동 에너지는 이렇게 된다.

$$R의 \text{ 충돌 후 운동 에너지} = \frac{(R의 \text{ 질량}) \times (B)^2}{2}$$

$$W의 \text{ 충돌 후 운동 에너지} = \frac{(W의 \text{ 질량}) \times (C)^2}{2}$$

에너지 보존 법칙에 따라, 당구공의 충돌 전과 충돌 후의 운동 에너지는 같아야 한다. 즉 '빨간 당구공의 충돌 전 운동 에너지 = 빨간 당구공의 충돌 후 운동 에너지 + 하얀 당구공의 충돌 후 운동 에너지'가 되어야 한다. 이 관계대로 식을 써서 풀면 다음과 같다.

$$\frac{(R의 \text{ 질량}) \times (A)^2}{2} = \frac{(R의 \text{ 질량}) \times (B)^2}{2} + \frac{(W의 \text{ 질량}) \times (C)^2}{2}$$

당구공의 질량은 모두 같으니 식을 약분하면 다음과 같다.

$$(A)^2 = (B)^2 + (C)^2$$

이것은 A의 제곱은 B의 제곱과 C의 제곱을 더한 값과 같다는 결과다. 피타고라스 정리에 따르면, 90도를 이룬 양변을 제곱해서 더한 값은 긴 변을 제곱한 값과 같다. 운동 에너지의 결과는 피타고라스 정리를 만족한다. 따라서 당구공의 사잇각은 90도가 된다.

완전 탄성 충돌과 완전 정면충돌 ● 당구공이 당구공을 때리듯이, 물체와 물체가 부딪치는 것을 충돌이라고 한다. 충돌을 하면 그 과정에 마찰이 생기게 되고, 물체가 마찰하면 마찰열이 발생한다. 이는 곧 충돌로 에너지를 잃는다는 얘기다.

빨간 당구공이 하얀 당구공과 충돌하면서 마찰로 에너지를 잃으면, 빨간 당구공의 운동 에너지가 전부 하얀 당구공으로 전해지지 못한다. 충돌 시 생긴 마찰열까지 고려해야 하기 때문에 하얀 당구공의 운동을 분석하는 데 어려움이 따른다. 그래서 충돌 시 물체의 운동 분석을 단순화하기 위해 충돌 중에 마찰로 잃는 에너지가 없다고 가정하는데, 이때의 충돌을 완전 탄성 충돌이라고 한다.

당구공이 당구공을 때릴 때, 충돌 후에 두 당구공은 각도를 이루면서 나가는 경우가 대부분이다. 하지만 간혹 때린 당구공이 그 자리에 멈추고, 맞은 당구공은 곧게 나아가는 경우가 있는데, 이런 충돌을 완전 정면충돌이라고 한다. 그래서 당구공이 완전 정면충돌을 하지 않았다는 뜻은, 충돌 후 바로 그 자리에 정지한 당구공이 없다는 얘기가 된다.

인류가 우주까지 진출할 수 있었던 것은 상상력과 창의력을 무한히 펼칠 수 있었기 때문이에요. 21세기는 이러한 꿈이 만들어 가는 세기예요. 새로운 세계를 열기 위해 꿈을 꾸는 것이야말로 우리가 갖춰야 할 새로운 미덕 아닐까요?

9

미스터 퐁
꿈꾸는 하루

?! 우주 시찰대의 기원

● ● 　　　아하!

뉴턴은 이렇게 생각했다.

"운동하는 물체에 힘을 추가로 가하지 않는 한 물체의 방향과 속력은 바뀌지 않는다."

뉴턴은 달의 원운동 역시 이러한 원리에서 예외일 수 없다고 믿었다.

"지구에는 중력이 있다. 지구 반대쪽 사람이 떨어지지 않는 것, 사과나무에서 사과가 낙하하는 것은 중력 때문이다. 이렇듯 달이 지구 주위를 한 달 간격으로 공전하는 이유도 중력과 연관이 있을 것이다."

뉴턴은 생각의 폭을 확장해 한 단계 발전시킨 사고思考 실험_{직접 실험하는 것이 여의치 않을 때 머릿속에서 과정을 그려 결과를 도출해 내는 실험}을 했다.

"지상에서 투사한 포물선의 궤적은 투사력이 강하고 고도가 높을수록 커진다. 이것은 지구의 중력 때문이기도 하지만 공기 때문이기도 하다. 공기는 물체가 나아가는 것을 방해한다. 마찰을 일으켜 물체의 에너지를 소모시키고 속력을 감소시킨다. 그렇다면 공기 저항을 최대로 줄일 수 있는 곳에서 물체를 투사하면 지구를 무한정 돌게 하는 것이 불가능한 일은 아닐 것이다. 완전한 진공에 가까운 우주 공간, 그곳에서라면 투사한 물체는 한없이 지구 둘레를 원운동할 것이다."

뉴턴의 이러한 착상이 20세기에 들어와 '우주 시찰대' 인공위성을 낳은 모태가 되었다.

★ 인공위성은 지구 중력에 관한 뉴턴의 착상이 모태가 되어 탄생했다.

로켓의 공중 폭발

로켓이 공중에서 폭발해 세 조각으로 쪼개지며 날아갔다. 0.5킬로그램인 파편은 초당 10미터의 속도로 서쪽으로, 2킬로그램인 파편은 초당 6미터의 속도로 남쪽으로 날아갔을 때 또 하나의 파편이 초당 1.3미터의 속도로 날아갔다면 그 방향과 질량은?

• •　　　　앞에서 언급했듯이, 물체의 운동량은 질량과 속도의 곱이며, 에너지와 마찬가지로 보존 법칙이 성립한다. 그래서 로켓이 폭발한 후의 운동량은 폭발하기 전의 운동량과 같아야 한다.

　서쪽과 남쪽으로 날아간 파편의 운동량은 각각 5와 $_{0.5 \times 10 = 5}$ 12이다. $_{2 \times 6 = 12}$ 그런데 이 두 운동량의 합을 단순히 '5 + 12'로 계산해서는 안 된다. 파편이 날아간 방향이 일직선이 아니기 때문이다. 이때는 두 변을 바탕으로 하는 평행 사변형을 그려서 생기는 대각선이 두 운동량의 합이 된다. 그런데 서쪽과 남쪽은 직각을 이루므로 이 평행 사변형은 직사각형이다. 따라서 대각선의 크기는 피타고라스 정리를 이용해 구할 수 있다.

$$(운동량의\ 합)^2 = 5^2 + 12^2 = 25 + 144 = 169$$

　위 식을 풀면 두 운동량의 합은 13이다. 따라서 또 하나의 파편은 북동쪽으로 날아가야 하고 그 운동량이 13이 되어야 한다. 그 결과 세 번째 파편의 질량은 10킬로그램이다.

$$(북동쪽으로\ 날아간\ 파편의\ 운동량) = (질량) \times 1.3 = 13$$

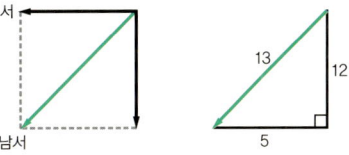

★ 세 번째 파편은 북동쪽으로 날아갔으며 질량은 10킬로그램이다.

?! 우주선 쏘아 올리기 1

• • 　　우주선은 지구의 자전 방향을 고려해 발사하는 것이 좋다. 왜냐하면 그쪽으로 쏘아 올려야 지구의 자전 속도를 덤으로 얻을 수 있기 때문이다.

지구의 자전 속도는 약 초속 500미터에 달한다. 결코 느리지 않은 속도다.

이 자전 속도는 지역에 따라 다르다. 자전이란 회전이다. 그래서 지구의 자전 속도는 지구의 회전력에 절대적으로 영향받을 수밖에 없다.

그렇다면 원심력이 큰 곳일수록 자전 속도가 빠를 것이다. 원심력은 중심에서 멀수록 큰데, 지구의 중심에서 가장 멀리 떨어진 곳은 적도다. 지구는 적도 부근이 약간 부풀어 오른 모양을 하고 있기 때문이다. 지구의 이러한 형태를 지구 타원체라고 한다.

더구나 적도는 지구 중심에서 가장 먼 곳이다 보니 중력 또한 최소다. 원심력이 최대인 데다 중력까지 최소이니, 적도 지역은 우주선을 발사하기에 더없이 좋은 장소라 할 수 있다.

그래서 대부분의 우주 발사 기지는 그 나라의 영토에서 적도와 가장 가까운 곳 부근에 있다. 미국의 우주 발사 기지인 케이프커내버럴 Cape Canaveral도 미 대륙의 남단에 있고, 우리나라의 우주 발사 기지가 있는 외나로도도 한반도의 최남단에 가까운 전남 고흥에 있다.

★ 우주선은 적도 지역에서 발사하는 것이 가장 이상적이다.

?! 우주선 쏘아 올리기 2

•• 　　우주 공간으로 꿈을 실어 내려는 인류의 오랜 숙원은 20세기에 들어와서 이루어졌다. 그러나 우주여행에 대한 꿈을 거기에서 멈출 수는 없는 법. 이제 더욱 진보한 과학 기술력으로 우주 기술을 꾸준히 발전시켜 나가야 할 것이다.

그러한 취지에 바탕을 두고 제작한 것이 우주 왕복선이다. 그 전의 우주선은 한 번밖에 사용할 수가 없어 비용이 많이 들었다. 그러나 우주 왕복선은 동체를 이끌고 지상으로 사뿐히 착륙할 수 있기에 수십 번 재사용할 수 있다. 천문학적 비용이 드는 우주 개발에서 그 경제적 이득은 무시할 수 없는 금액이다.

또 우주선을 발사할 때 지구의 자전 속도를 최대로 이용하면 그만큼 연료를 절약할 수 있으므로, 지구 자전 속도가 최대인 적도 지역을 우주선 발사 장소로 선호하는 것이다.

그러나 적도 부근에는 우주선 발사대가 많지 않을 뿐 아니라, 당장 그 설비를 갖추는 것도 어려운 일이다. 그래서 생각해 낸 것이 우주선을 항공모함에 싣고 적도 지역으로 이동해 우주선을 쏘아 올리는 방법이다. 실제로 우리 인공위성 중에도 이렇게 쏘아 올린 것이 있다. 대한민국 시간으로 2006년 8월 22일, 성공리에 발사한 무궁화 5호 위성은 하와이 남쪽 태평양 적도 부근의 해상에서 발사되었다.

★ 우주선은 적도 부근의 바다에서 쏘아 올리면 좋다.

?! 돌고 도는 우주 정거장

• • 　　　우주 정거장 내부에 중력 효과를 내기 위해선 정거장을 회전시켜서 원심력을 적절히 이용해야 하는데, 얼핏 생각하기에 그것이 만만찮아 보인다. 인공 중력에 대해서는 이 장의 끝에서 설명한다.

　예를 들어, 제주도만 한 우주 정거장을 만드는 것도 결코 쉬운 일이 아닐 터인데, 그것을 계속해서 회전시키려면 대체 얼마만큼의 에너지가 필요할지 가늠하기 어렵다.

　이처럼 우주 정거장을 회전시키는 데까지 막대한 비용을 추가로 쏟아부어야 한다면, 우주 정거장은 말 그대로 꿈속에서나 가능한 상상의 산물일 수밖에 없다.

　하지만 다행스럽게도 우주 정거장을 회전시키는 데는 그다지 큰 신경을 쓰지 않아도 된다. 우주는 저항이 거의 없는, 진공 상태나 다름없는 공간이다. 저항이 없으니 마찰이 있을 리 없고, 마찰이 없으니 한 번 움직인 물체는 관성에 의해 그 상태를 계속 유지한다. 그래서 처음 한 번만 제대로 원운동을 시켜 주면 더 이상의 에너지 없이도 우주 정거장은 한없이 돌게 된다.

★ 우주 공간은 진공 상태여서 우주 정거장의 회전에 추가적인 에너지가 필요 없다.

?! 달의 표면이 오돌토돌한 이유

여기서 이끌어 낼 수 있는 결론은?

달의 중력은 지구보다 세다

달에는 바람이 심하게 분다

달은 기온 차가 크지 않다

달에는 대기가 희박하다

달에는 물이 풍부하다

● ● 운석 덩어리들이 달 표면으로 거침없이 뚫고 내려올 수 있다는 것은 마찰이 없다는 뜻이다. 다시 말해 이것은 달에는 대기가 없다는 의미다.

달의 대표적인 충돌 분화구인 코페르니쿠스

반면 지구는 어떤가? 지구 상공엔 공기층이 폭넓고 두껍게 포진해 있다. 그래서 운석 덩어리들이 잠시도 쉬지 않고 지구 상공을 향해 끊임없이 떨어져도 대기와의 마찰로 마찰열을 내뿜으며 공기 속 한 줌의 재로 사라지고 마는 것이다.

유성은 별이 총총히 빛나는 밤하늘에 한 줄기 기다란 줄을 그으며 떨어진다. 이때 그 줄의 흔적이 바로 공기와 마찰한다는 증거다.

달에 공기가 희박한 이유는 중력이 약하기 때문이다. 예전에는 달도 지구처럼 대기가 풍부했다. 그러나 중력이 그다지 강하지 못하다 보니 공기 분자를 끌어안고 있기가 힘들었다. 그래서 달 표면의 공기 분자들이 우주 공간으로 날아가 버린 것이다.

또 대기가 희박하니 자연히 물이 풍부할 리 없고, 그래서 비바람과 같은 기상 현상이 나타나기 힘들며, 낮과 밤의 기온 차가 클 수밖에 없다. 달 표면의 군데군데 팬 자국을 크레이터 crater 라고 한다.

★ 달은 대기가 희박해 운석 덩어리가 표면에 끊임없이 충돌한다.

?! 달에서 듣는 천둥소리는?

●● 　　　소리의 속도는 무한하지 않다. 그렇다고 영구불변한 상수도 아니다. 언제, 어느 곳, 어떤 조건이냐에 따라 다양한 값으로 변한다. 뜨거운 뙤약볕이 내리쬐는 한여름 값이 다르고, 시베리아 냉기류가 가슴속을 파고드는 한겨울 값이 그래서 다른 것이다.

　소리의 속도는 바람, 온도, 습도에 영향을 받는다. 섭씨 0도인 건조한 공기 속에서 소리는 초속 330미터 남짓하게 이동한다. 이러한 속도는 공기의 온도가 상승할수록 빨라져 온도가 1도 높아질 때마다 초속 0.6미터씩 증가한다. 그래서 섭씨 16도 부근의 상온에서 소리는 초속 340미터로 운동하는 것이다.

　반면에 빛은 어떤가? 소리와는 비교가 되지 않을 정도로 빠르게 움직인다. 1초간 지구를 7바퀴 반 돌 수 있는 초속 30만 킬로미터로 말이다.

　소리와 빛 사이의 이러한 차이 때문에 지구에서는 번개가 친 뒤에 천둥소리가 들린다. 그러나 달에서는 상황이 다르다. 달은 공기가 없는 천체여서 소리를 전달하지 못한다. 그래서 '번쩍' 하며 번갯불이 내리쬔 후에도 빛은 진공에서도 거침없이 제 속도로 달린다 천둥소리를 들을 수가 없다.

　참고로, 달은 대기가 미약하기 때문에 기상 현상이 거의 일어나지 않는다. 그래서 천둥과 번개 현상이 실제로 일어날 확률은 제로에 가깝다.

★ 달에는 소리의 매질이 될 대기가 없으므로 번개는 볼 수 있어도 천둥소리는 들을 수 없다.

239

?! 달을 뚫고 지나가는 열차

이 열차가 달의 반대쪽에 이를 때까지 열차의 속도 변화는?
(단, 달은 완벽한 구이고, 밀도는 균일하고, 회전하지 않고, 저항은 없다)

동일 속도로 운행한다

계속 가속한다

서서히 감속한다

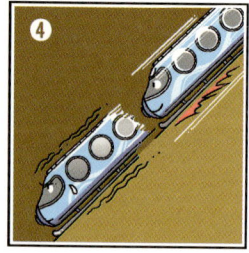

중심까지는 가속,
이후부터는 감속한다

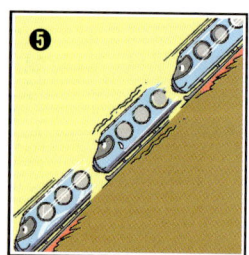

가속, 감속을 수없이 반복한다

• • 　　　열차는 달의 중심을 향해 떨어진다. 열차가 그렇게 운동할 수 있는 동력원은 중심이 끌어당기는 힘, 즉 중력 때문이다.

중력은 가속도를 갖는다. 이를 '중력 가속도'라고 한다. 달의 중력 가속도는 약 $1.6m/s^2$ 남짓한 값 지구 중력 가속도의 6분의 1 이다.

열차는 가속도를 받으며 자유 낙하하므로 속도는 증가한다. 하지만 무한정 빨라지지는 못한다. 중심을 지나면서부터 달의 중력을 이겨야 하기 때문이다. 그래서 속도가 느려진다. 열차가 갖는 에너지는 지표까지다. 왜냐하면 열차가 떨어지기 시작한 것이 지표인 까닭에 에너지 보존 법칙을 따라야 하기 때문이다. 그래서 열차는 달의 지표를 넘어서 상승할 수 없다.

지표까지 올라온 열차가 곧바로 정지하지 못하면 열차는 중력에 이끌려 다시 중심을 향해 하강한다.

관통 터널은 저항이 없으므로 그러한 운동은 한없이 이어진다. 주기적 왕복 운동을 끝없이 하는 것이다. 이러한 운동을 '단진동'이라고 한다.

★ 열차는 중심까지 가속되고 그 이후부터 감속된다.

?! 미지의 행성에서 풍선이 펑!

•• 　　고무풍선이 상공으로 자연스럽게 솟아올랐다는 건 대기가 있다는 것을 반증한다. 대기의 압력은 공기가 있기 때문에 존재하고, 그 압력 차로 풍선이 떠오르는 것이다. 하늘로 두둥실 떠오른 풍선은 갈수록 부피가 증가한다. 이것은 풍선 내부와 외부의 압력 차 때문에 생기는 현상이다.

　높이 오를수록 대기압은 약해지는 반면, 고무풍선 속의 공기 압력은 일정하다. 그래서 상공으로 오를수록 고무풍선 속의 공기가 밖으로 밀치는 힘이 강해져 풍선의 부피가 느는 것이다.

　모든 자연 현상은 평형 상태를 유지하려 한다. 압력도 마찬가지다. 풍선의 안과 밖의 압력에 차이가 없으면 풍선의 모양은 변하지 않는다.

　그러나 압력에 차이가 생기면 풍선은 찌그러지거나 부푼다. 예를 들어, 풍선 속의 압력이 대기압보다 강하면 밖으로 밀치는 힘이 강해 풍선은 부푼다. 반면 풍선 내부 압력이 바깥보다 약하면 대기의 압력이 안쪽으로 누르는 힘을 못 이겨 풍선이 쪼그라든다.

　미지의 행성에서 풍선은 부풀며 솟아올랐다. 이것은 풍선이 상승할수록 공기의 양이 줄어들었다는 뜻이다. 상공으로 오를수록 대기가 희박하므로 풍선은 압력 차에 의해 솟구쳐 오르며 부풀다가 마침내는 고무의 팽창 한계를 이기지 못하고 펑 터지고 만 것이다.

★ 풍선이 상공에서 터졌다는 건 상승할수록 공기가 적어졌다는 뜻이다.

?! 화성 암석 탐구

화성에서 채취한 광물에 알파 입자를 쪼여 보니 원자의 외곽 부근은 통과하는데 중심 부분은 튕겨 나간다. 자세한 분석 바란다, 오버.

그렇다면 이 화성 광물의 원자 구조는?

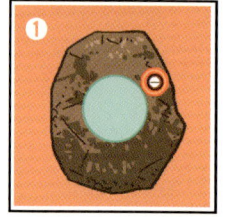

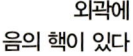

외곽에 음의 핵이 있다

외곽에 양의 핵이 있다

중심에 음의 핵이 있다

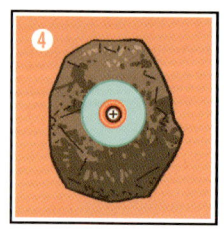

중심에 양의 핵이 있다

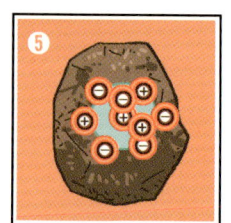

음과 양의 핵이 고루 퍼져 있다

∴ 　　알파 입자는 양+의 전기를 띤 방사성 입자다.

　전기는 같은 극끼리는 배척하고 다른 극끼리는 껴안는 성질이 있다. 양과 양, 음과 음은 서로 강력히 배척하지만, 양과 음은 떨어져선 안 될 사랑하는 남녀처럼 꼬옥 얼싸안는다.

　그렇다면 미스터 퐁의 실험 결과는 이렇게 분석할 수 있을 것이다.

1. 알파 입자가 외곽 부근을 무사히 통과했다는 것은 알파 입자와 상호 작용할 입자가 그곳엔 존재하지 않는다는 뜻이다.
2. 알파 입자가 중심 부분에서 강력한 반발력을 받아 튕겨 나왔다는 것은 그 지점에 알파 입자와 똑같은 전기를 갖는, 그러니까 양의 전기를 띤 커다란 입자가 있다는 뜻이다.

　이 두 분석 결과를 종합해 볼 때 화성 광물은 원자 중심에 양의 전기를 갖는 무거운 원자핵이 들어차 있는 구조다.

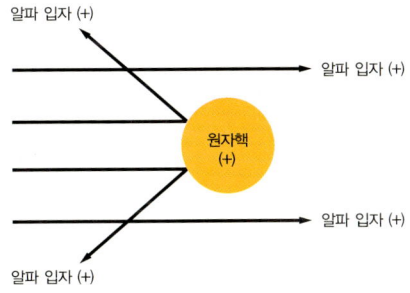

★ 화성 광물의 중심에는 양의 원자핵이 있다.

?! 화성 식물의 생존 조건

•• 　　　화성에는 물이 풍부하지 않다. 지하 깊숙이 드문드문 스며 있을 뿐이다. 그래서 화성 표면에 식물이 생존한다면 본능적으로 땅속의 물을 찾아 뿌리를 깊이 내릴 것이다.

또 화성은 대기가 지구만큼 풍족하지는 못하다. 그러다 보니 쏟아져 들어오는 강한 태양 광선을 가릴 만한 것이 없다. 자외선과 같은 태양 광선을 그대로 맞아야 하는 환경에 적응하기 위해서는 잎이 질기게 진화할 수밖에 없을 터이다.

그리고 대기가 풍족하지 못하니 많은 양의 이산화탄소와 태양 광선을 흡수하고 받아들이기 위해 잎은 넓어야 한다.

평균 기온이 섭씨 영하 20도인 화성에서 생명을 유지하려면 열 손실을 최소로 줄여야 한다. 따라서 온도가 급격히 내려가는 밤에는 잎을 말아 표면적을 될 수 있는 한 최대로 줄여야 할 것이다.

반면, 낮에는 대기의 95퍼센트를 차지하는 이산화탄소를 흡수하고 산소를 내뿜기 위해 잎을 있는 대로 펼쳐야 한다. 그러려면 자유자재로 말고 펼 수 있도록 잎이 부드럽고 얇아야 한다.

★ 화성 식물의 잎은 질기고 넓으며 부드럽고 얇아야 한다.

?! 화성의 야구 경기

∙ ∙   화성은 질량이 지구의 11퍼센트에 불과하다. 크기도 작아 평균 지름이 지구의 절반 정도인 6788킬로미터밖에 안 된다. 그리고 중력이 지구의 38퍼센트 수준에 머문다.

중력이 작다 보니 공기 입자를 많이 끌어당기지 못한다. 그래서 대기를 형성하는 공기의 양이 지구에 비해 터무니없이 적다. 이것은 공기가 내리누르는 압력, 즉 대기압이 지구보다 형편없이 약하다는 뜻이다. 실제로 화성의 대기압은 지구의 150분의 1 수준에 불과하다. 이 정도면 공기의 마찰 효과는 거의 무시해도 좋다.

그래서 화성에서 야구 경기가 벌어진다면 지구와 사뭇 다를 수밖에 없다.

맥과이어 Mark McGwire, 1963~ 는 소사 Sammy Sosa, 1968~ 보다 홈런은 10개 앞섰지만 삼진을 많이 당했고 안타 수는 무려 50여 개의 차이를 보인다.

화성의 중력은 지구의 38퍼센트가량이므로 공을 치면 지구보다 3배나 멀리 날아간다. 그래서 지구에서는 내야수의 키를 살짝 넘기는 정도의 안타가 화성에서는 펜스를 넘기는 홈런이 될 수 있다. 이 때문에 삼진 수가 적은 소사가 맥과이어를 제치고 화성의 홈런왕이 될 수 있는 것이다.

★ 화성의 중력은 지구의 38퍼센트 수준이다.

?! 지구인, 화성으로 이사 가다

• • 　　　액화 수소는 화성의 대기에 포함되어 있는 다량의 이산화탄소와 반응해 메탄과 수증기를 만든다.

액화 수소　　이산화탄소　　　메탄　　　수증기

　메탄은 우리가 요리를 하고 난방을 하는 데 흔히 이용하는 천연가스다. 이 메탄을 로켓의 연료로도 사용한다. 즉 액화 수소와 이산화탄소를 반응시키면 메탄을 얻을 수 있고 이를 화성에 도착한 우주선이 지구로 귀환하는 연료로 사용할 수 있다는 것이다.
　메탄을 연소하려면 산소가 필요하다. 산소는 액화 수소를 이산화탄소와 반응시켜 얻은 물을 전기 분해해서 얻는다. 이 과정에서 수소가 발생한다.

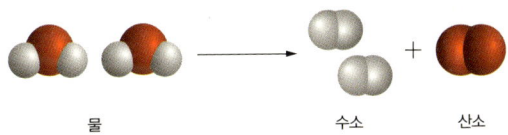

물　　　　　　　수소　　산소

　수소는 다시 화성의 이산화탄소와 반응해 메탄과 물을 재생산한다.

★ 액화 수소를 가져가면 화성에서 연료와 물 문제를 해결할 수 있다.

우주 왕복선의 귀환

지면에 수평하게

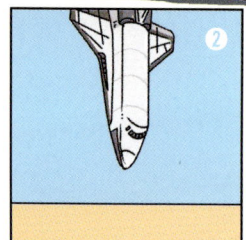
지면에 수직으로

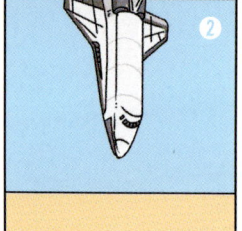
지면에 40도 남짓한 각도로

각도는 상관없다

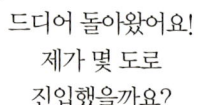

• • 　　　우주 왕복선은 지면에 대해 40도 정도 세운 자세로 귀환하는 것이 좋다. 이를 '진입 각도'라고 하는데, 우주 왕복선이 지구로 무사히 착륙하기 위해서는 반드시 이 각도를 지켜야 한다.

　우주 공간에서 지구 대기권으로 들어오는 것은 돌멩이가 물속으로 입수하는 것과 같다. 돌멩이를 수면에 평행하게 던지면 돌멩이가 물속으로 한 번에 들어가지 못하고 수면 위로 담방담방 튀어 오르는 물수제비 현상이 나타난다.

　이와 마찬가지 현상이 우주 왕복선에도 생긴다. 지상으로의 진입 각도가 작으면, 우주 왕복선은 대기권 속으로 곧바로 진입하지 못하고 공기층 위를 통통 튀어 오르게 된다. 그러면 계획한 장소에 안전하게 착륙하지 못하게 될 것은 불을 보듯 뻔하고, 자칫 잘못하면 불행한 사고로 이어질 수도 있다.

　이와 반대의 경우로, 진입 각도가 너무 크면 너무 강한 압력을 순간적으로 받는다. 돌멩이를 수직에 가까운 각도로 물속으로 던지면 굉장한 압력을 받고, 첨벙 소리를 내며 물방울을 사방으로 튕기며 입수한다. 이처럼 진입 각도가 크면 우주 왕복선도 대기권으로부터 상상하기 힘든 압력과 마찰력을 받아 심각한 사태가 빚어지게 된다.

★ 우주 왕복선은 40도 남짓한 각도로 귀환한다.

생활 속에서 건진 창의적 아이디어

: 우주 비행의 꿈을 실현한 로켓 발사

1919년 미국 물리학자 로버트 고더드 Robert Goddard, 1882~1945는 그간의 연구 결과를 『초고공 超高空에 도달하는 방법 A Method of Reaching Extreme Altitudes』이라는 책으로 발표했다.

이 책으로 인해 고더드가 어려서부터 키워 온 우주 비행에 대한 꿈은 망상이 아닌 현실로 다가오게 되었다.

그러나 당시에 고더드를 바라보는 시선은 그리 곱지 않았다. 어떤 이는 그를 정신 이상자로 보기까지 했다. 고더드의 저서에는 당시로서는 받아들이기 어려운 내용이 적잖았기 때문이다.

"쯧쯧쯧, 고더드 박사는 아직까지도 동심의 세계에서 헤어 나오지 못하고 있는 것 같아."

"그러게 말이야. 몸이 허약한 탓에 어려서부터 허무맹랑한 공상 과학 소설을 너무 많이 읽어서 그래."

그러나 고더드는 주위에서 아무리 조롱해도 신경 쓰지 않았다. 대신 자신의 꿈을 이루는 계획을 차근차근 실천해 나갈 뿐이었다.

"화약을 이용해 로켓을 상공으로 띄우는 방법은 이미 예전부터 알려져 있어. 그러나 이 방법은 제작하기는 쉬울지 모르나 기능과 효율은 별로 뛰어나지 않아 화약을 연료로 한 고공비행은 그래서 불가능에 가까워. 그렇다면 다른 연료를 개발해야 할 텐데…?"

이러한 고민을 거듭한 끝에 고더드가 생각한 연료는 가솔린과 액체 산소를 결합한 액체 연료였다.

"연료 탱크를 둘로 나누어 한쪽에는 가솔린을, 다른 한쪽에는 액체 산소를 집어넣고, 특수 제작한 연소 통에서 두 액체가 자연스럽게 혼합되도록 하면 기체가 발생할 거야. 이때 팽창하는 가스의 힘을 로켓을 띄우는 추진력으로 이용하면 굉장한 분사력을 얻을 수 있을 거야."

고더드는 1926년 3월 16일 미국 매사추세츠주 오번에서 액체 연료를 사용한 세계 최초의 로켓을 발사시켰다.

고더드는 1926년에 액체 연료를 탑재한 로켓을 완성해 발사했다. 그리고 연구에 더욱 박차를 가해 1935년에는 음속보다 빨리 비행하는 로켓을 제작했다.

이렇게 고더드는 로켓 분야에서 선구적 업적을 쌓았고, 그의 이러한 업적은 20세기 후반의 로켓 제작 기술로 이어졌다. 고더드를 가리켜 현대 로켓 공학의 아버지라고 부른다.

이것은 기체의 급격한 팽창력을 로켓 발사에 적절히 응용한 창의적 아이디어의 예다.

과학 지식 파고들기

⁞무중력 공간에 인공 중력 더하기

　인류는 중력에 익숙하도록 길들어 있다. 아니 길든 정도가 아니라, 중력에 익숙한 쪽으로 진화해 왔다. 그래서 지구와 중력이 다른 곳이나 중력이 미약한 곳에서는 적응하기가 어렵다. 하지만 인류는 삶의 터전을 우주로 넓히는 꿈을 키우는 중이다. 그러려면 우주에 지구인이 머물 곳, 즉 우주 정거장이나 우주 도시가 꼭 필요하다.

　중력이 거의 없는 공간에서의 삶이 얼마나 힘겨운지는 지구 상공에 떠 있는 우주 정거장에서 생활하는 우주 비행사를 보면 쉽게 가늠할 수 있다. 2008년에 국내 최초로 우주로 올라간 이소연현 한국항공우주연구원 소속만 보아도 그렇다. 여러 훈련을 거친 뒤 우주로 나가 단 며칠밖에 머물지 않았는데도 귀환하자마자 병원에 입원해 갖은 건강 검진을 다 받지 않았는가.

　우주 공간에서는 죽 그릇을 놓치거나 과일 접시를 뒤집거나 우유병 뚜껑을 열어도, 죽이 쏟아지거나 과일이 떨어지거나 우유가 흐르지 않는다. 중력의 영향을 받지 않기 때문이다. 이렇게 중력이 작용하지 않는 공간을 무중력無重力 공간이라고 한다.

　무중력 공간에서는 지상에서 경험하지 못하는 현상을 겪게 된다. 지상에서 야구공을 던지거나 축구공을 차면 포물선을 그리며 떨어진다. 중력이 지표로 작용하기 때문이다. 그러나 우주 공간에선 그런

2008년 4월 한국 최초 우주인 이소연이 우주 정거장의 과학창에 극한 대기 관측을 위한 초미세 전기 기계 시스템(MEMS) 망원경을 설치하고 있다.(사진 출처: 한국항공우주연구원)

일이 절대로 일어나지 않는다. 야구공이건 축구공이건, 공은 그대로 직진한다. 아래로 끌어당기는 중력이 작용하지 않는 데다 운동을 방해하는 마찰력이 없어 한번 움직이면 그 속도를 그대로 유지한 채 멈추지 않고 나아가는 것이다.

 우주 공간에선 걸을 필요가 없으므로 오래 머물면 다리 근육이 약해진다. 다리도 쓰지 않으면 녹스는 법이니까. 그래서 장시간 우주에 체류한 우주 비행사가 지구로 돌아오면 걸음걸이를 연습하곤 한다.

 우주 공간은 중력이 없다고 했지만, 엄밀히 따지면 옳지 않은 표현이다. 중력의 원천은 물질이고, 천체는 물질의 결합체다. 우주 어디에도 천체가 존재하지 않는 곳은 없다. 다만, 천체가 멀리 떨어져 있

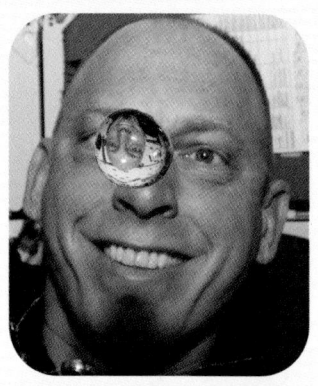

2010년 4월 미국 우주 왕복선 디스커버리호에서 비행사 클레이턴 앤더슨이 공중에 떠 있는 물방울을 관찰하고 있다.

느냐, 가까이 있느냐의 차이가 있을 뿐이다. 그뿐 아니라, 텅 빈 공간처럼 보이는 우주 공간은 실제론 여러 입자와 눈에 보이지 않는 물질 암흑물질로 차 있다. 이것은 중력이 우주 공간 어디에나 존재한다는 뜻이다. 단지 그 세기가 얼마나 약하냐 강하냐의 차이가 있을 뿐이다.

우주 정거장이나 우주 도시에서 지구인이 자유롭게 활동하려면 지구와 비슷한 세기의 중력을 느낄 수 있어야 한다. 중력이 존재하는 우주 정거장이나 우주 도시를 건설하려면, 거대한 도넛 모양으로 만들어 회전시키면 된다. 그러면 내부의 물체는 밖으로 튀어 나가려는 힘을 받는다. 원운동에 의한 가상의 힘인 원심력이 생기는 것이다. 이러한 원심력이 중력과 똑같은 효과를 낸다.

● 사진 저작권

37쪽 콘플레이크 ⓒ ⓘ Alisdair McDiarmid | 2005-03-21

61쪽 도넛 ⓒ ⓘ ⓞ Tamorlan | 2007-04-15

75쪽 풍동 ⊘ NASA/courtesy of nasaimages.org

85쪽 이산화탄소 거품 ⊘

89쪽 엔리코 페르미 ⊘ United States Department of Energy

90쪽 구리선 ⊘

90쪽 에나멜선 ⓒ ⓘ Public Domain Photos | 2010-09-17

113쪽 마이브리지의 '달리는 말' 사진 ⊘

115쪽 질소 탱크 ⓒ Courtesy of Alcor Life Extension Foundation

119쪽 오티스의 특허 도면 ⊘

143쪽 라이트바겐 모형 [LICENCE art libre] Wladysla | 2006-07-02

145쪽 천연고무 ⓒ ⓘ ⓞ PRA | 2007-12

145쪽 타이어 ⓒ ⓘ ⓞ TUBS | 2008

167쪽 삼엽충 ⓒ ⓘ ⓞ Mike Peel | 2010

167쪽 필석 ⊘

167쪽 공룡 ⊘

167쪽 암모나이트 ⊘

259

167쪽 매머드　ⓒ ⓘ ⓞ　Ghedoghedo

167쪽 화폐석　ⓔ

171쪽 1905년경의 롤러스케이트　ⓔ

171쪽 쿼드스케이트　ⓒ ⓘ ⓞ　Will Merydith | 2011-01-08

171쪽 인라인스케이트　ⓒ ⓘ ⓞ　spcbrass | 2008-06-10

173쪽 여의도공원 측우기　ⓔ

173쪽 여의도공원 자격루　ⓔ

175쪽 가속 질량 분석기　ⓔ　United States Department of Energy

185쪽 클랩 스케이트　ⓒ ⓘ ⓞ　Maks Vasilev | 2010

193쪽 연식 야구공　ⓒ ⓘ ⓞ　Tamago915 | 2006-03-25

193쪽 경식 야구공　ⓒ ⓘ ⓞ　Tage Olsin | 2006-09-24

195쪽 타자의 스윙　ⓔ　U.S. Air Force

219쪽 방탄유리　ⓔ

237쪽 분화구 코페르니쿠스　ⓔ　NASA/courtesy of nasaimages.org

255쪽 고더드의 로켓 발사　ⓔ　NASA/courtesy of nasaimages.org

257쪽 이소연의 대기 관측 실험　ⓒ　한국항공우주연구원

258쪽 앤더슨의 물방울　ⓔ　NASA/courtesy of nasaimages.org

● 참고 자료

『24시 과학여행』 송은영 지음, 대교, 1998년

『과학사』 김영식·박성래·송상용 지음, 전파과학사, 1992년

『과학원리로 떠나는 창의력 여행』 송은영 지음, 한울림, 1998년

『그래프 지구과학 탐구』 이수열·곽은정 지음, 우리교육, 1997년

『동아원색세계대백과사전 1~30권』 동아출판사, 1988년

『사고력을 기르는 과학아카데미2』 다나카 미노루(田中實) 지음, 물리교육을 위한 교사모임 편역, 한울림, 1998년

『속보이는 물리: 전기와 자기 밀고 당기기』 한국물리학회 지음, 동아사이언스, 2006년

『수학 없는 물리(Conceptual Physics, 7th Edition)』 폴 휴위트(Paul G. Hewitt) 지음, 엄정인·김인묵·박홍이·정광호 옮김, 에드텍, 1994년

『신나는 물리 실험』 신나는 과학을 만드는 사람들 지음, 한샘출판사, 1995년

『신나는 화학』 전화영 지음, 동녘, 1995년

『엉뚱한 발상 하나로 세계적 특허를 거머쥔 사람들 1~4』 왕연중 지음, 지식산업사, 1994년

『우리의 과학문화재』 한국과학문화재단 엮음, 서해문집, 1997년

『우주에서는 귀가 멍해지나요(Do Your Ears Pop in Space?)』 마이크 멀레인(R. Mike Mullane) 지음, 김범수 옮김, 한승, 1999년

『원리가 보인다: 화학여행』 방태철·김종윤 지음, 벽호, 1997년

『위대한 발명·발견』 박익수 지음, 전파과학사, 1991년

『유레카! 발명의 인간』 이효준 지음, 김영사, 1996년

『윤소영 선생님의 생물 에세이』 윤소영 지음, 동녘, 1993년

『인체기행』 권오길 지음, 지성사, 1996년

『재미있는 과학기술의 세계』 리더스 다이제스트 엮음, 동아출판사, 1992년

『추리여행 물리의 세계』 쓰즈키 다쿠시(都筑卓司) 지음, 과학세대 옮김, 현대정보문화사, 1993년

『프로야구 왜 나무방망이 쓰나』 진정일 지음, 동아일보사, 1998년

『한국과학기술사』 전상운 지음, 정음사, 1984년

『현대물리학과 페르미(Enrico Fermi: And the Revolutions of Modern Physics)』 댄 쿠퍼(Dan Cooper) 지음, 승영조 옮김, 바다출판사, 2002년

『화학 이제 쉽게 배웁시다』 현종오 지음, 우리교육, 1995년

Fundamentals of Physics (Extended Third Edition), David Halliday, Robert Resnick, John Wiley & Sons, 1988

The Seventh Report of the Joint National Committee on Prevention, Detection, Evaluation, and Treatment of High Blood Pressure, *Hypertension*, 2003;42:1206 (http://www.nhlbi.nih.gov/guidelines/hypertension/jnc7full.htm)

『과학과 기술』 1999년 1월

『과학동아』 1993년 11월

『과학동아』 1997년 9월

『과학동아』 1997년 10월

『뉴턴』 1997년 9월

『동아일보』 1996년 11월 20일

『동아일보』 1997년 5월 20일

『동아일보』 1998년 1월 7일

『동아일보』 1998년 7월 6일

『동아일보』 1998년 8월 5일

『동아일보』 1998년 9월 30일

『동아일보』 1998년 11월 25일

『동아일보』 1999년 5월 1일

『이코노미스트』 1997년 10월 21일

『이코노미스트』 1998년 3월 10일

『주간조선』 1997년 9월 4일

『주간조선』 1998년 6월 11일

『주간조선』 1998년 7월 23일

『주간조선』 1998년 9월 24일

● 찾아보기

ㄱ

가속도 141 187 241
가시광선 39 40 209
갈릴레이 88 155 179
감마선 39 40
강도 95 127
거울 157
고더드 254-255
고무 83 129 144-145 243
고체 17 19 35 189
공기 21 23 27 55 59 67 97 139 144 149
　　201 203 215 221 227 237 239 243
　　249
공기 청정기 27
광합성 81 97 217
구리선 83 90
굿이어 144
귀화 생물 77

그레고리 60-61
글리세롤 107
금속 29 35 129 139
기름 43 129
기온 21 167 189 237 247
기체 17 19 35 73 201 255
김빈 159
끓는점 49 125 191

ㄴ

나노 115
나선 90
나프탈렌 35
낙하 141 159 179 227
냉동 인간 107 114-115
노벨상 33 89 117 169
녹는점 191
녹조류 97

뇌 115 196 227

뉴턴 99 117 157

ㄷ

다리 133

다이아몬드 101 165

다임러 142-143

단진동 2 241

달 2 227 237 241

대기 179 217 237 243 247 251 253

대기압 55 69 139 165 203 221 243 249

대들보 31

대류 59

대청마루 21

던롭 144

도선 90

동맥 33

드라이아이스 107

ㄹ

렌즈 155 157 161

로켓 229 251 254-255

롤러스케이트 170 171

루이 15세 118

리비 169

리튬 29

ㅁ

마이브리지 112-113

마이크로파 39

마찰 120 145 146 171 179 221 227 235 237 249 253 257

마찰열 25 221

망원경 155 157

매질 79

맥과이어 251

맥스웰 116

머래드 33

먼지 27 201

메탄 251

면적 31 53 69 95 103 247

무게 중심 93

무중력 141 256-258

물 17 19 25 29 43 49 71 73 79 83 84-85 97 101 103 123 159 185 189 196 205 221 247 251

물리학 88 89 116 127 137 157

물시계 159

미네랄 47 62-64

밀도 71 189 191

ㅂ

바람 21 75 97 99 237 239

바퀴 105 131 144-146 171

반감기 174-175

반발력 247

반작용 99

발효 47 84

방사선 97 174

방사성 원소 88 169 174-175 245

방전 29

방충 35

방충제 35

번개 239

베네딕튀스 218-219

베드퍼드 114

베르누이 135

베르누이의 원리 135 215

보존 법칙 86 213 217 223 229 241

복사 59 97

볼록 렌즈 155 157 161

부도체 129

부메랑 215

부피 19 53 71 95 103 191 243

분자 17 25 103 191 237

불순물 29

붕괴 169

비생물계 97

비아그라 33

비중 101

빛 59 79 97 111 116-117 155 205 209 239

ㅅ

사고 실험 227

산성 103 205

산성비 103

산소 23 29 73 81 109 201 220 247 251 255

상전이 17

색 수차 155 157

생물계 97

생태계 81 97 217

석유 103 125 142 147

석탄 103 142

세종 159 172

세포막 63 64 107

소리 97 239

소사 251

소화 효소 109

속도 67 86 87 116 135 179 194-195 213

215 222 223 227 229 231 239 241 257
손수레 207
솔잎 45
수막 현상 123
수소 29 97 201 220 251
수소 결합 191
수은 63 101 221
수증기 25 49 191 251
숯 47
스위트 스폿 181
스즈카 192-193
스케이트 170-171
습도 27 239
승화 35
승화성 물질 35
시황제 115
신생아 23
실데나필 33

ㅇ

아르키메데스 118
아스팔트 125
아연 29
아인슈타인 88 117-118
안전유리 218-219
알루미늄 19 107
알코올 49 109
알파 입자 247
압력 17 33 55 135 139 163 169 203 215 221 243 249 253
애쿼플레이닝 123
액체 17 19 35 49 59 69 189 191 255
양력 215
양이온 25 64
어는점 189
얼음 19 53 187 189 191
엉덩이 23
에나멜선 90
에어컨 21
엑스선 39 40
엘리베이터 93 118-120
역학적 에너지 86-87
연대 측정 169
연료 251 255
연식 야구공 192 193
열 17 19 25 43 59 61 97 133 148 169 247
열에너지 17
열팽창 19 133

열팽창률 19 133

염기성 57 205

영구 기관 127 147-148

영사기 112-113

오토바이 142 143

오티스 93 119-120

온도 17 19 49 51 53 59 71 97 133 165 239 247

온돌방 21

완전 정면충돌 224

완전 탄성 충돌 224

용매 73

용질 73

용해도 73

용혈 107

우라늄 174 175

우주 220 227 231 233 235 253 256-258

우주선 231 233 251 253

우주 왕복선 233 253

우주 정거장 235 256 258

운동량 137 194-195 213 229

운동량 보존 법칙 137 229

운동 에너지 17 86-87 105 213 222-224

원자력 발전 88

원자물리학 88 89

운석 237

울음 23

원심력 163 231 235 258

원유 125

위액 109

위치 에너지 86-87 105

유성 153 237

유체 71 135 215

음이온 25 64

이그내로 33

이뇨제 183

이산화탄소 73 81 84 85 97 201 247 251

이산화황 103

이소연 256 257

이온 25 64 185

이온 음료 185

인공위성 179 227 233

인공 중력 256-258

인력 153

입자 89 139 217 249

입자성 116-117

ㅈ

자격루 159 172

자기력 127

자기장 38
자명종 159
자석 127
자외선 39 40 247
자유 낙하 141 241
자전 153 231 233
작용 55 99
장영실 159
저항 83 179 193 227 235 241
적외선 39 40 209 211
적혈구 64 107
전극 245
전기 27 29 64 97 245
전기 분해 29 251
전기 에너지 29
전기장 38
전도 59
전류 29 83 90
전선 83 90
전압 27 83
전자기파 25 38-40 209
전자레인지 25 39
전지 29
전파 38-40
전해질 29 64

절연 전선 90
정맥 33
정전기 27 129
좀약 35
종속력 179
중력 97 141 227 231 235 237 241 249 256-258
지구 23 69 97 141 153 167 179 185 217 220 221 227 231 233 237 239 247 249 251 253 256-258
직선 운동 105
진공 59 227 235 239
진동 25 38-39 117 181
진동수 25 38-39 181
질량 19 71 93 105 147 191 194 201 217 222-223 229 249
질량 중심 105
질소 산화물 103

천둥 239
천적 77
천체 망원경 155 157
초점 155 161
충격량 194-195

충돌 135 222-223 224
충전 29
측우기 172-173
침엽수 151

ㅋ

카메라 209 211
캡사이신 43
케플러 155 157
켈로그 36-37
코르티솔 151
콩팥 115 183 196-197
크레이터 237
크로스 181
클랩 스케이트 187

ㅌ

타이어 123 144-146
탄산수 84-85
탄성 224
탄소 97 145 165 169 175 176 220
태아 23
태풍 163
테르펜 151
토킨 45

트레드 패턴 146
트리메틸아민 57

ㅍ

파동 79 116-117
파동성 79 116-117
파이렉스 19
파장 39-40 209
팽창 19 243 255
팽창률 19
퍼치곳 33
페르뮴 89
페르미 88-89
페르미 연구소 89
페르미온 89
페르미 입자 89
편광 111 116-117
평형 93 243
폭발 29 137 229
표면적 53 95 103 247
풍동 75
풍선 139 243
프리스틀리 84-85
플랑크톤 81 97
플림프턴 170-171

피뢰침 129
피타고라스 정리 213 224 229
피톤치드 45 151

하이드로플레이닝 123
항균 45
해충 35 45
핵 89
핵물리학 89
핵 발전 73 88
핵분열 89
허셜 209
허파 23 115
헤르츠 25 38-40 181
헤모글로빈 64 107
헬륨 201 220
혈관 33 63
혈압 33 151 183 197
혈액 33 63 107 109 185
형강 31
호흡 23 73 81
화석 167
화석 연료 103
화성 245 247 249 251

화합물 57 217
환경 23 27 118 167 169 247
회전 105 231 235 258
회전 관성 105
회전 운동 105
횡격막 196 203
흑연 165
힘 93 99 163 195 203 207 227 243 258

안녕!

『미스터 풍 수학에 빠지다』에서
다시 만나요!